図解 眠れなくなるほど面白い

生命科学の話

生命科学研究者
TAZ Inc.代表取締役社長
高橋 祥子
Shoko Takahashi

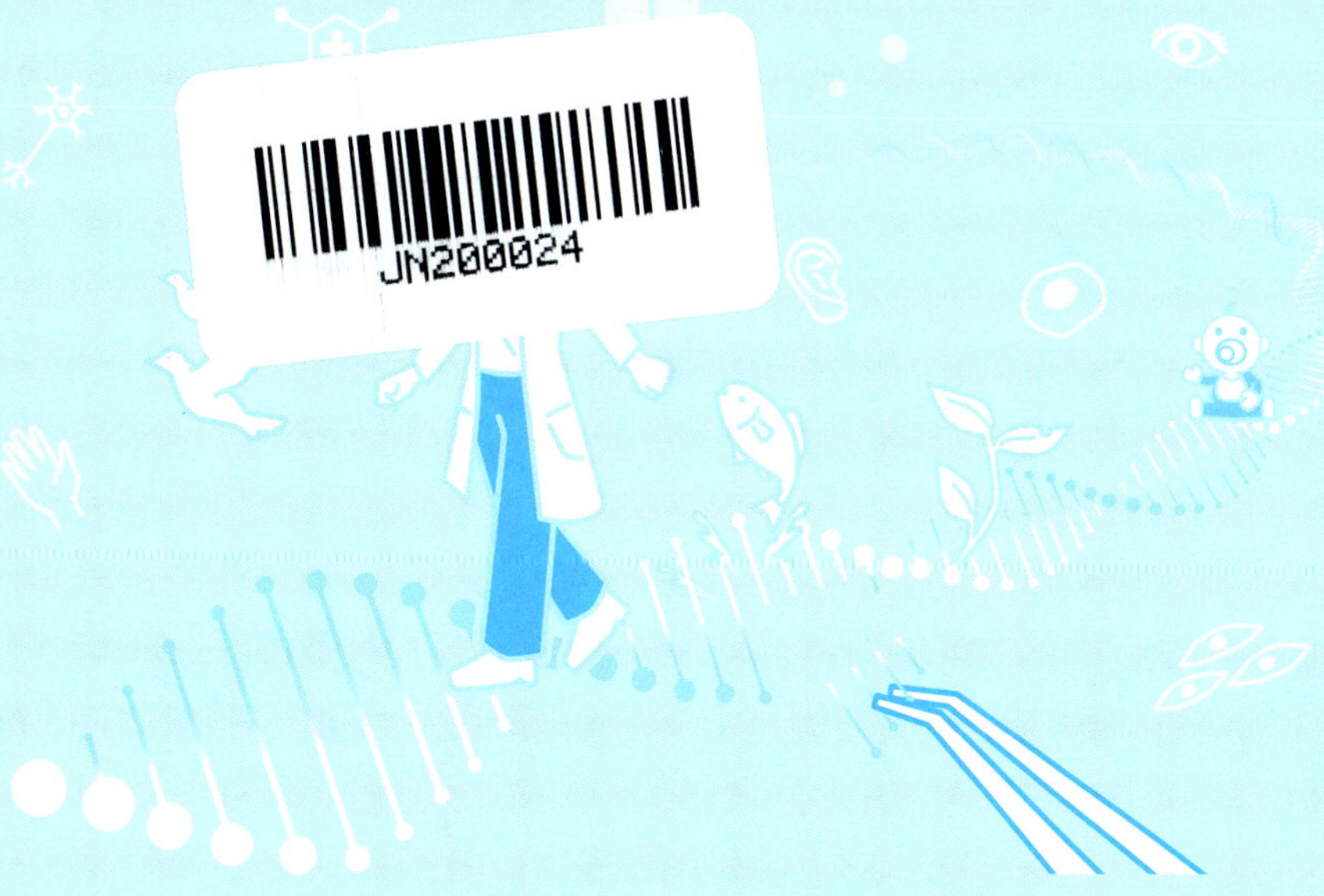

日本文芸社

はじめに

『ヒトは200歳まで生きられるようになる』
『〝不老〟や〝若返り〟が実現できる』

こんな話を聞くと、まるでＳＦ小説や映画の中の話のように感じるかもしれません。しかし、これらの技術は単なる夢物語ではなく、現代の生命科学とバイオテクノロジーの進展により、実現可能な現実のものとなりつつあります。

近年、生命科学は飛躍的な進歩を遂げています。ＤＮＡの構造が解明された１９５３年から約70年が経ち、その間に遺伝子工学、再生医療、そしてナノテクノロジーなど、多くの革新的な技術が生まれてきました。これらの技術は、私たちの健康と寿命に対する理解を劇的に変えつつあります。

たとえば、遺伝子編集技術 CRISPR-Cas9 の登場は、病気の原因となる遺伝子を正確に書き換えることを可能にしました。この技術により、遺伝性疾患の治療や予防が現実のものとなりつつあります。また、再生医療の進展により、損傷した組織や臓器を修復する方法が急速に開発されています。またこれらの技術は、老化による機能低下を防ぎ、さらには逆転させる可能性を秘めています。

さらに、老化そのものを遅らせる研究も進んでいます。たとえば、特定の遺伝子が体の老化を遅らせる働きをすることや、老化した細胞を除去すると老化が遅延し寿命が延びることがわかってきました。これらの研究は、老化に伴う疾患を予防し、健康寿命を延ばす手段として期待されています。

これまでの常識を覆すような研究成果が次々と発表される中で、私たちはどのようにこれらの技術を受け入れ、利用していくべきでしょうか。本書では、最新の生命科学の成果と未来の可能性について、わかりやすく解説していきます。また、これらの技術がもたらす社会的・倫理的な課題についても考察していきます。

科学技術の進歩は、私たちの生活を豊かにするだけでなく、新たな課題や問いも生み出します。生命科学の驚異的な進歩を理解することは、私たちが迎えるべき未来を見据えるための第一歩です。『２００歳まで生きられる』『不老や若返りが実現できる』という未来が、私たちにどのような影響を与えるのか。本書を通じて、その一端を皆さんとともに探求していければと思います。

さあ、未知の生命科学の世界へ一歩踏み出してみましょう。

生命科学研究者　高橋 祥子

にかかわる最先端の科学

21 世紀は生命科学の時代

生命科学という学問は、あまり聞きなじみがない方が多いのではないでしょうか。再生医療だとか遺伝子編集だとか聞くと、なにやらこれから先の未来の学問のようにも感じるかと思いますが、実は**20 世紀は物理学の時代、そして 21 世紀は生命科学の時代**ともいわれるように、いままさに飛躍的に進歩を続けている学問です。

なぜ病気になるの？という身近な疑問から、私たちはどうやって生まれてきたのかというスケールの話まで、生命の不思議についてテクノロジーを駆使して解明し、より豊かな社会のために役立てていく。生命科学とはまさに、すべての生命の未来にかかわる最先端の学問なのです。

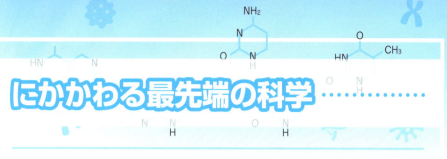

生命科学とはすべての生命の未来

生命科学は私たちが体験する医療にも貢献している

実は私たちの多くが、すでに生命科学の技術を体験していることをご存知でしょうか？一番わかりやすいのは、新型コロナウイルスのPCR検査や、ワクチン接種でしょう。これらはまさに、最先端の生命科学の研究によって実現されたものです。

そしていま、これまでは不可能とされていた難病の治療や、副作用の少ない薬の開発も積極的に行われています。生命科学がさらに進歩することによって、健康維持はもちろん、健康寿命をより長く保てるようになることが期待されています。**誰もが生命科学を体験しながら暮らす時代が来た**といってもいいでしょう。

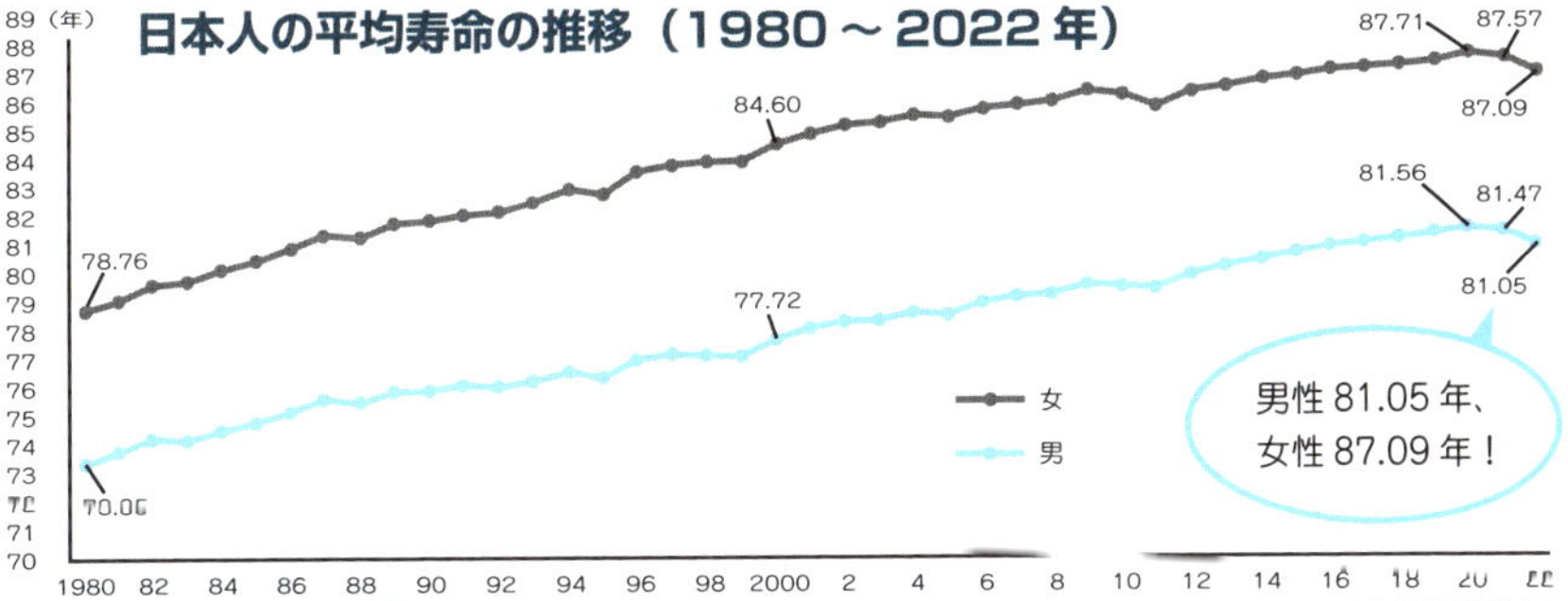

※厚生労働省資料より

生命科学の進歩で
もっと延びそう！

PCR検査も、生命科学の研究から生まれたもの。鼻腔ぬぐいや唾液から遺伝子を取り出して、コロナウイルスがいるかどうかを調べる

の研究

不老長寿や超人遺伝子も現実的なものに

いつまでも若くいたい、長生きしたい、もっと強くなりたい……。**これまでは夢だったことも、生命科学によって実現可能な時代になりつつあります。**よく知られるのは、2012年にノーベル賞を受賞した山中伸弥博士の、“何にでもなれる”iPS細胞です。「山中因子」とも呼ばれ、さまざまな再生治療や創薬に活用されています。

また、骨を強くする遺伝子や痛みを感じない遺伝子、長時間潜水できる遺伝子、学習能力が高まる遺伝子なども見つかっています。生命科学の技術によってこれらの遺伝子を編集することができれば、超人的なヒトをつくることも理論的には可能だとされています。

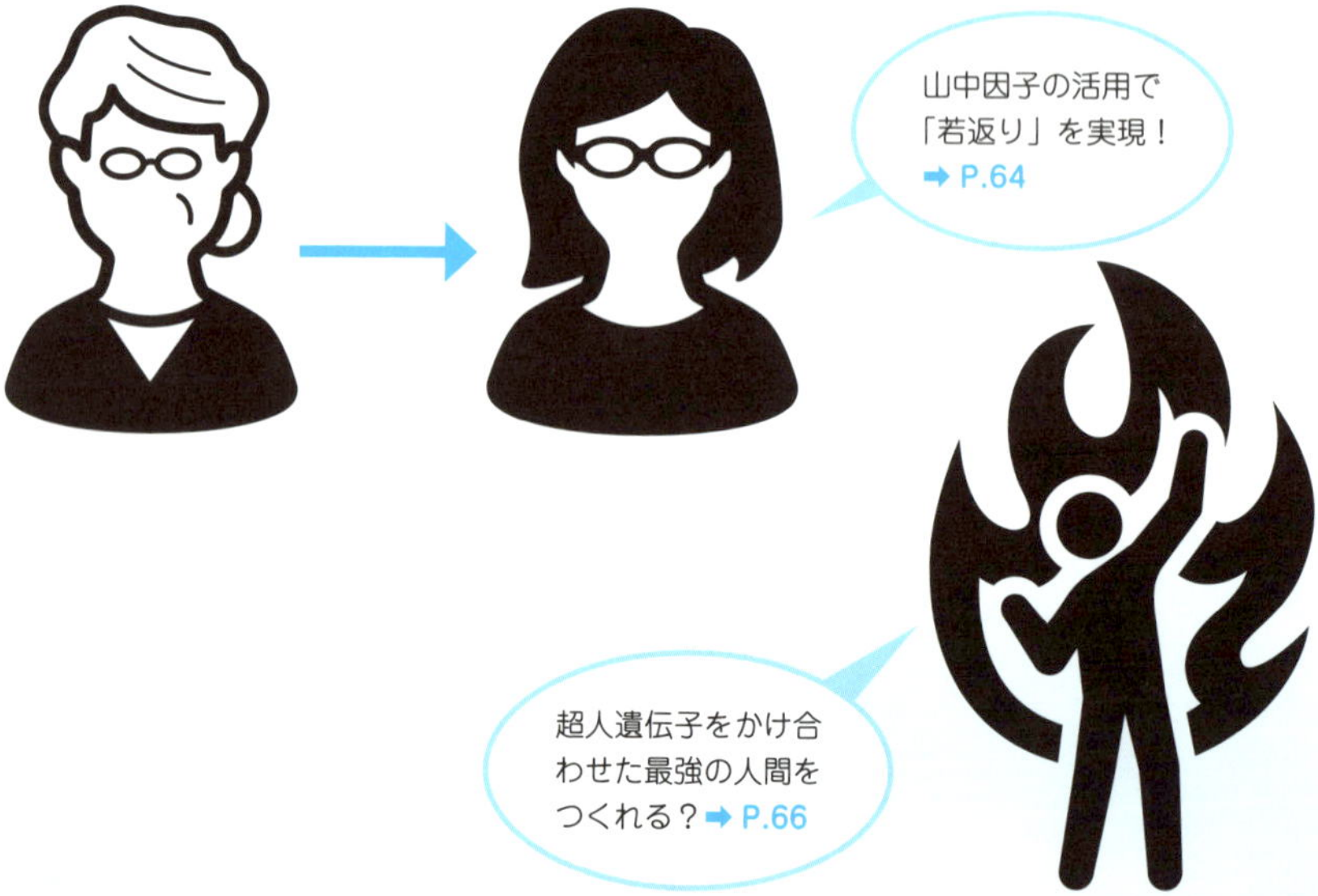

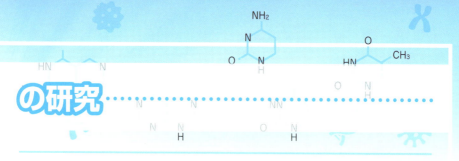

SFの世界にも届きそうな生命科学

古代生物の復活も夢じゃない？

1996年にクローンヒツジのドリーが誕生したことは、よくご存知のことでしょう。それ以降、マウスをはじめ、ブタやウシ、イヌ、ネコなどのクローンもつくられました。アメリカでは、クローン技術で氷河期の巨大なマンモスをよみがえらせ、絶滅危惧種の保護につなげようという試みも始まりました。

また、**複数の動物で一つの生物をつくるキメラの実験も行われています。**アメリカでは臓器移植のために、ヒトとブタのキメラ、中国では動物実験などのために、ヒトとサルのキメラがつくられ、日本でもラットとマウスのキメラが成功して、医学研究への活用が期待されています。

ヒトとサルのキメラが誕生！
➡ P.70
➡ P.74
クローン技術で同じ動物をたくさんつくったり、マンモスをよみがえらせることも!?
➡ P.38

contents

はじめに …… 2
生命科学とはすべての生命の未来にかかわる最先端の科学 …… 4
ＳＦの世界にも届きそうな生命科学の研究 …… 6

第1章 ≫ 人類の進化のカギ「ゲノム編集」で何ができる？

ゲノム編集とは遺伝子を正確に書き換える技術のこと …… 14
そもそも遺伝子やゲノムって何？ …… 16
ゲノム解析によって何がわかるの？ …… 18
ゲノムはどうやって解析する？ …… 20
誰でも自分のゲノムを知ることができる …… 22
COLUMN 1 なぜ、がんになるの？ …… 24

COLUMN 2　お酒が飲める人、飲めない人 …… 25
「ゲノムを編集する」って実際何をする？ …… 26
ゲノムをどう使って病気を治すの？ …… 28
副作用が少なくて効果が高い薬をつくれるゲノム創薬 …… 30
ゲノム編集と遺伝子組み換えはどう違う？ …… 32
ゲノム編集は食糧問題も解決できる …… 34
ゲノム編集で花粉症もなくせるかも？ …… 36
絶滅した恐竜やマンモスの復活はできる？ …… 38
ヒトのゲノムをつくることはできる？ …… 40
COLUMN 3　「老化する」ってどういうこと？ …… 42

第2章 ≫ 生命科学がいま最強の学問である理由

iPS細胞って何ができるの？ …… 44
治療や薬もオーダーメイドする時代に …… 46
難病の治療も生命科学で可能になる …… 48

ノーベル賞を受賞した超画期的な遺伝子改変ツールは何ができる？…… 50
いつ病気になるか、何歳まで生きられるかがわかるようになる …… 52
ワクチン開発も生命科学で進歩する …… 54
生まれてくる前に赤ちゃんの健康がわかる …… 56
遺伝子を使った治療薬って何がすごい？ …… 58
ホオジロザメには〝細胞修復遺伝子〟、イモリには〝器官再生遺伝子〟がある …… 60
遺伝子には使い分けのオン・オフをするスイッチがある …… 62
人類の夢「若返り」が実現できる!? …… 64
骨格強化や長時間潜水、学習能力向上などの〝超人遺伝子〟がある …… 66
クローン人間って実際につくれるの？ …… 68
キメラの研究はなぜ行われている？ …… 70
生命科学の研究方法はデータ分析の新常識にもなっている …… 72
COLUMN 4 ヒトとサルのキメラが成功したって本当？ …… 74

第3章 ≫ 人間の体も生命科学で説明できる

遺伝子の存在はエンドウ豆から見つかった　76
DNA＝生物の体の設計図　78
DNAのあの二重らせん構造は完璧な形!?　80
設計図（DNA）をもとに体をつくるのがRNA　82
すべての生物はDNA→RNA→タンパク質の流れでつくられている　84
代謝とは体の維持に必要なエネルギー変換のこと　86
病気のとき体はどうなっている？　88
ヒトは何歳まで生きられるようになる？　90
細胞の若返り？「オートファジー」って何？　92
一卵性の双子とクローンは生物学的に同じ？　94
ES細胞やiPS細胞が万能細胞と呼ばれるワケ　96
COLUMN 5　細胞のミスが進化に！　98

第4章 ≫ 生命科学がさらに進化していくために

生命科学の進化と隣り合わせの倫理の話　100

意図しないゲノム編集が起きてしまうこともある　102
ゲノムだけわかっても実は何もわからない　104
もっている遺伝子は同じでも使い分けられている　106
遺伝子操作で理想の子どもをデザインする技術　108
遺伝子治療の光と影　遺伝子ドーピング　110
治療法が変わると新たなリスクにつながる可能性も　112
多様性が生命の進化に不可欠な理由　114
生命科学は目的を間違えないことがとても大事　116
社会を変えられるのは議論を巻き起こすようなテクノロジー　118
〝超個人情報〟の遺伝子はどう管理される？　120
ゲノム編集によって世の中はどう変わる？　122
技術以外の課題を倫理的・法的・社会的に考える研究がある　124
おわりに　126

第1章

人類の進化のカギ
「ゲノム編集」で何ができる？

ゲノム編集とは　遺伝子を正確に書き換える技術のこと

書き換えで品種改良や難病治療ができる

まず、生命科学の進歩の代表、ゲノム編集のことからお話ししましょう。**ゲノム編集とは、遺伝子情報のすべてであるゲノムの特定の場所を切って、ねらった遺伝子の働きを止めたり破壊したり、切った部分に異なる遺伝子配列を入れたりして、遺伝子を書き換えることです。**

たとえば、味がよくて栄養価の高いトマトをつくりたい場合、ふつうのトマトの遺伝子の一部を切り取って突然変異を起こさせたり、切り取った部分に味がよくて栄養価の高い遺伝子配列を入れることによって、望むトマトをつくることができます。このようにして、病虫害に強く収穫量の多いイネや、芽に毒をもたないジャガイモ、肉厚なマダイ、成長が早いトラフグなど、これまでの欠点をカバーしたゲノム編集食品が、次々に開発されています。

とくに注目されるのは、医療分野への応用です。がんをはじめ、遺伝子の変異によって起こる病気は数多く、決定的な治療法が見つかっていない病気もたくさんあります。これらについても、ゲノム編集技術によっていろいろな治療法が研究され、実際に成功した例も報告されています。**また、ゲノム編集技術によって、これまでよりもずっと短期間で副作用の少ない薬をつくることができるようになり、新薬の開発においてもめざましい貢献をしています。**

ゲノム編集で食品の品種改良ができる

改良したいトマトの DNA の配列を正確に切断すると、DNA が本来もっている修復機能が働いて、遺伝子に変化が起こる。GABA をつくる酵素が活性化され、アミノ酸を豊富に含む高 GABA トマトができあがる。

栄養価の高いトマトをつくることも

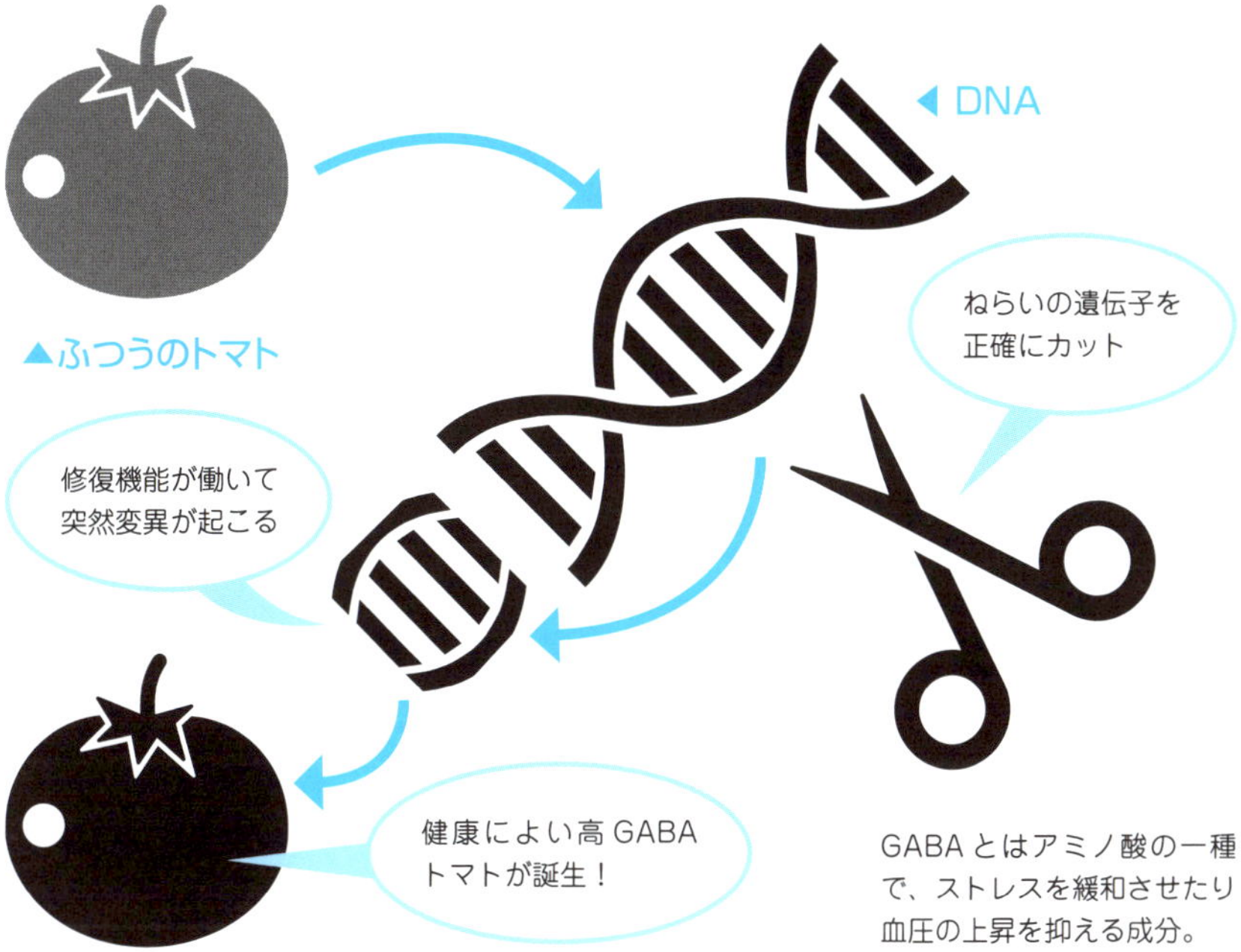

GABA とはアミノ酸の一種で、ストレスを緩和させたり血圧の上昇を抑える成分。

よりおいしくしたり、欠点をカバーしたりできるゲノム編集食品

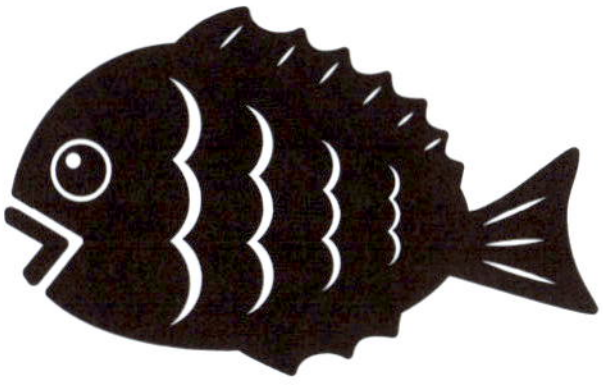

［ 肉厚マダイ ］

［ 梅雨に強い 穂発芽耐性小麦 ］

［ 芽に毒をもたない ジャガイモ ］

そもそも遺伝子やゲノムって何？

ゲノムとは体の設計図全体のこと

家を建てるときに設計図にもとづくように、私たちの体も設計図をもとにつくられています。**遺伝子とは、体の設計図に書き込まれている情報のこと**で、私たちは約2万数千個の遺伝子をもっているといわれています。よく「体質は親から子に遺伝する」といったりしますが、遺伝するとは、親からの遺伝子情報が一部、子どもに伝えられるということです。

では、遺伝子はどこにあるのでしょう。体は、血液細胞や骨細胞、筋肉細胞などさまざまな細胞からできています。細胞の中心には核があり、中に46本の染色体が入っています。染色体は遺伝子の入れもの。染色体の中に折りたたまれるように収納されているのが、遺伝子の本体、DNA（デオキシリボ核酸）です。**遺伝子が情報だとすると、DNAは情報が刻まれている本のようなもの、体の設計図の一部です。**

DNAは、A（アデニン）、T（チミン）、G（グアニン）、C（シトシン）の4つの塩基と呼ばれる成分でできていて、AとT、GとCが組み合わさって長くつながったもの2本が、らせん状にからまっています。この塩基の並び方によって遺伝子の情報が決まります。この遺伝子情報全体のことを、ゲノムといいます。**つまりゲノムとは、私たちの体の設計図すべてのことをいいます。**

遺伝子・DNA・ゲノムの関係

遺伝子は、細胞がどんな体や性質をつくるかを定める情報のこと。遺伝子が刻まれたDNAは、私たちの体をつくる設計図のもと。

私たちのゲノム

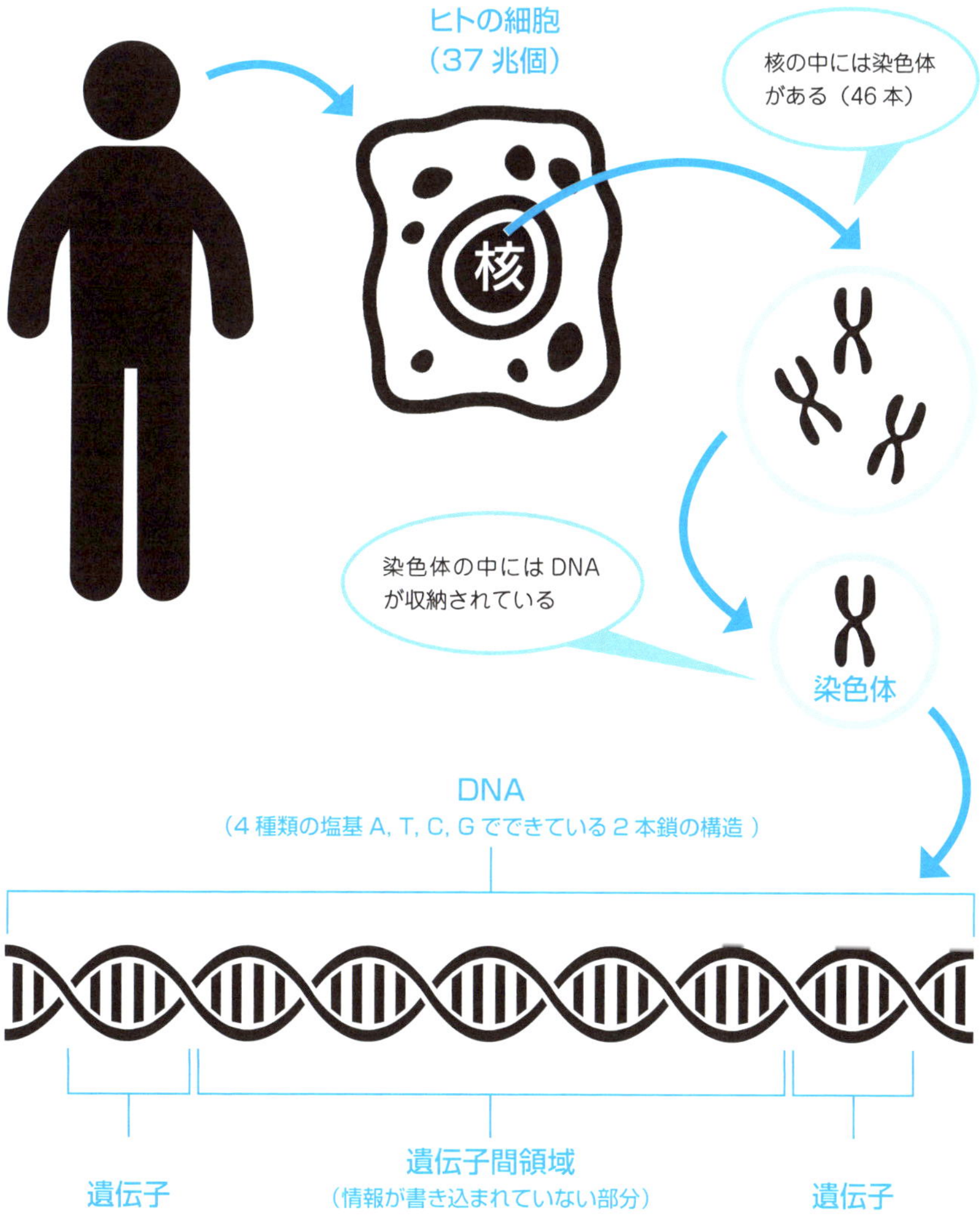

ゲノム＝DNAの塩基配列があらわす遺伝子情報のすべて

ゲノム解析によって何がわかるの？

体質や病気のリスクがわかる

ゲノムが私たちの体のすべての設計図であるならば、ゲノムを調べれば、私たちの体がどんなふうにつくられているか、いまどんな状態であるのかを知ることができます。**ゲノム解析とは、私たちの体の設計図を詳しく調べて研究し、体のしくみや機能、親から受け継いだ特徴などを明らかにすることです。**

ゲノム解析をすれば、体質的にどのような機能が弱いのか、遺伝的にどのような病気にかかりやすいかなどを知ることができ、原因になる遺伝子を見つけることができます。リスクがわかれば、体質改善や病気の予防をすることができ、治療にもつなげることができます。

ところでDNAの配列は、左ページの【スニップの例】でCGの並びがGCとなっているように、1カ所だけ違う配列になることがあります。この違いをスニップ（SNP）、日本語で一塩基多型といいます。スニップは、1000塩基に1個の割合で起こり、私たちはそれぞれ約400万から500万のスニップをもっているといわれています。

スニップは個人を特徴づけるものです。**スニップの解析によって、遺伝的に特定の病気にかかる確率や特定の薬に対する反応、性質や体の特徴などを知ることができます。**ルーツにも関係しているといわれています。

ゲノム解析でがん治療も

血液でがんゲノム解析を行い、膵臓がんの原因になる遺伝子異常を見つけ出した例もある。

【血液採取によるゲノム解析】

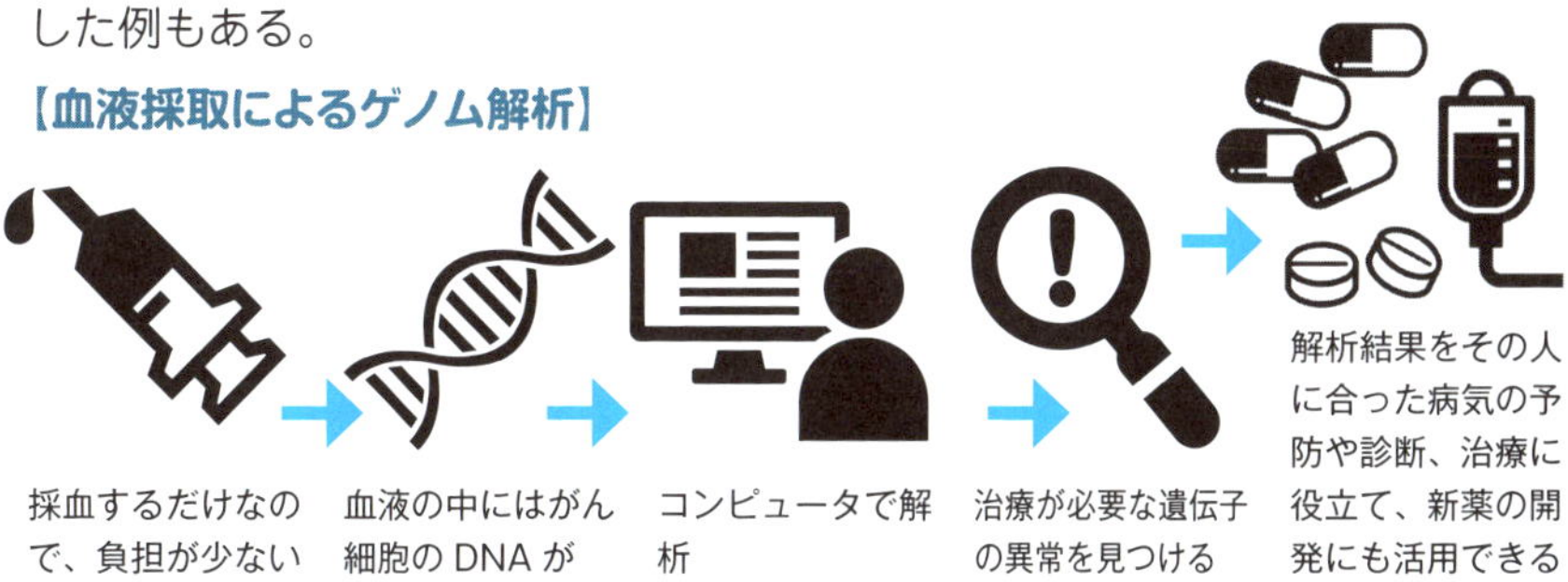
採血するだけなので、負担が少ない
血液の中にはがん細胞の DNA が
コンピュータで解析
治療が必要な遺伝子の異常を見つける
解析結果をその人に合った病気の予防や診断、治療に役立て、新薬の開発にも活用できる

わずかな違いが個性を決める

スニップとは遺伝子情報のわずかな違い。顔立ちに関するスニップを調べれば、似顔絵が描ける。犯人が現場に残した髪や皮膚片からスニップが見つかれば、犯罪捜査も進みそう。

【スニップの例】

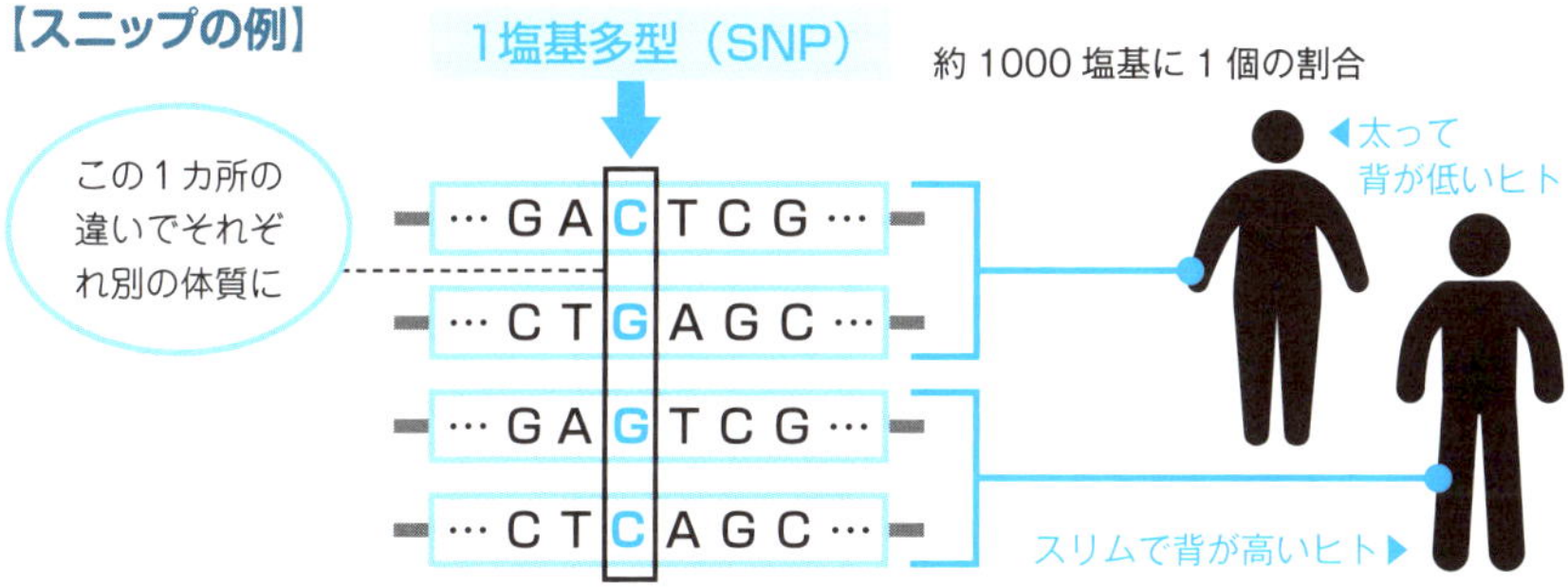
1塩基多型（SNP）
約 1000 塩基に 1 個の割合
この 1 カ所の違いでそれぞれ別の体質に
…GACTCG…
…CTGAGC…
…GAGTCG…
…CTCAGC…
◀太って背が低いヒト
スリムで背が高いヒト▶

ポイ捨てガムから犯人の顔を復元

「ポイ捨てガムやタバコの吸い殻から DNA を採取して、3D プリンターで顔を復元」。アメリカではこんなアート活動が行われ、現段階では性別、目の色、母親の人種などの要素から考えうる顔を再現しているという。遺伝子の研究がさらに進めば、より正確なものになりそう。

また、デンマークでは、新石器時代初期の遺跡から見つかった樹脂のチューインガムから DNA が採取され、5700 万年前にポイ捨てした人の顔が復元されたとか。私たちも日ごろのマナーに要注意 !?

ゲノムはどうやって解析する？

まずDNAの塩基の並びを読む

ゲノムの解析とは、私たちの細胞の中にあるDNAの塩基配列、つまり4種類の塩基、A、T、G、Cの並び方を調べることから始まります。といっても、ヒト1人に約30億対、つまり60億個の塩基があるわけですから、大変な作業です。1990年に始まった初めての解読「ヒトゲノム計画」では、1人に13年、費用は数千億円もかかりました。**その後、自動的に超スピードで読み出しができる解析装置が次々に開発され、現在は当時よりはるかに低額で、しかも短期間に解析できるようになりました。**

解析には、目的によってさまざまな方法があり、PCR、マイクロアレイ、次世代シークエンサーといった技術が使い分けられます。PCRでは、新型コロナウイルスの検査と同じ方法で、特定のスニップを解析します。マイクロアレイは、一度に数十万カ所のスニップの解析を行うことができます。次世代シークエンサーは、コストは高くなりますが、すべてのゲノムを解析できるというメリットがあります。

ゲノム解析はもう特別なものではなく、身近な存在になりました。**個人に向けたゲノム解析サービスを提供する会社も増え、病気のリスクを知ったり、健康管理に役立てる目的以外に、美容やダイエット、婚活、就活などへの活用も考えられているようです。**

ゲノム解析のしくみ

唾液や髪の毛から採取した細胞からDNAを取り出し、塩基の並びを読み取って、高速解析システムでさまざまな遺伝子情報を解析する。

【ゲノム解析の手順】

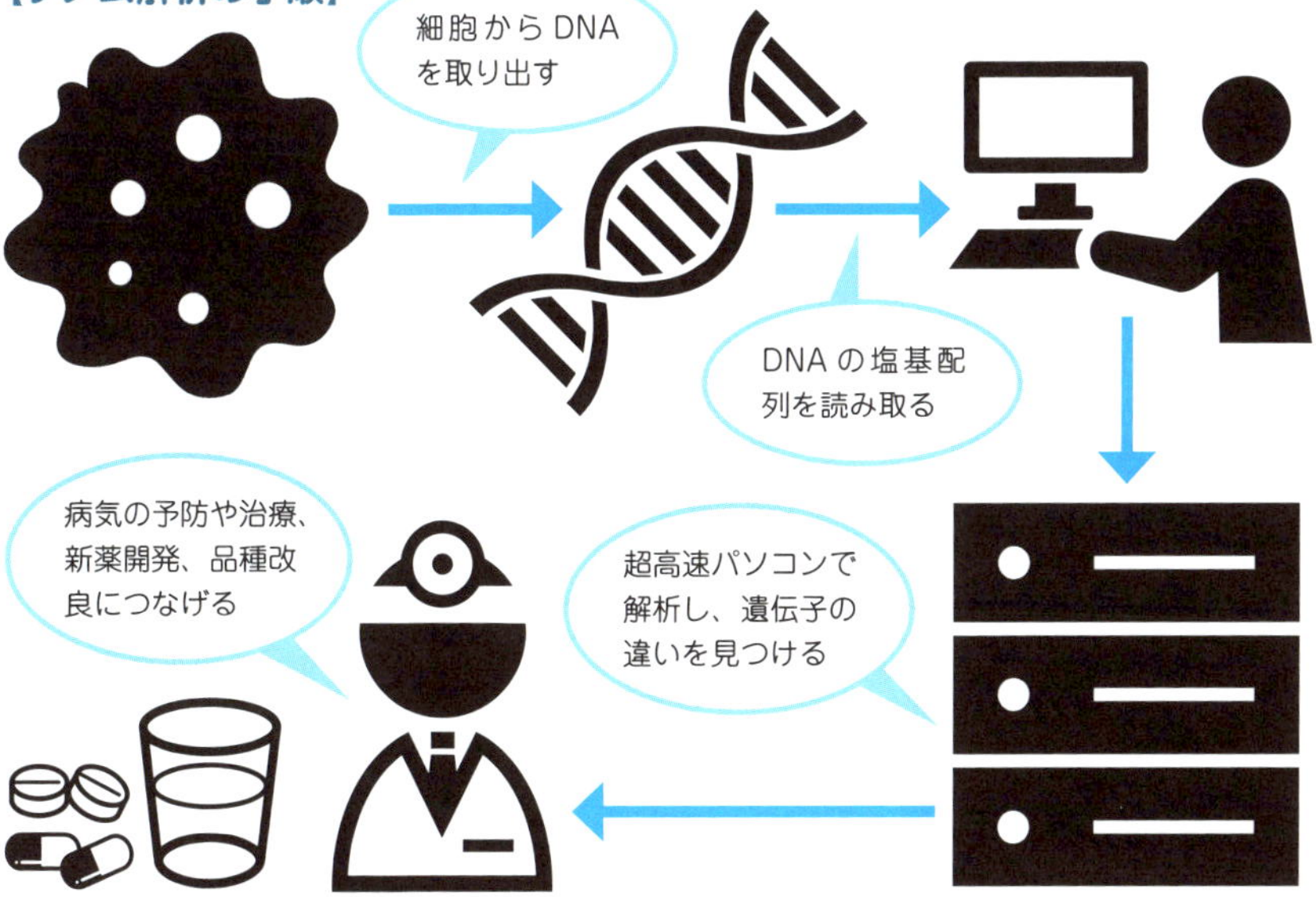

すべての情報をまるごと解読

DNAには、「遺伝子間領域」または「非遺伝子」という部分があり、この部分の働きは多くは未解明ですが、少しずつわかってきており、これも含めた「全ゲノム解析」が世界的に推進されています。これによって、これまでわからなかった病気が見つかる可能性もあり、新しい治療法や薬の開発、予防や早期発見などにつながることが期待されています。

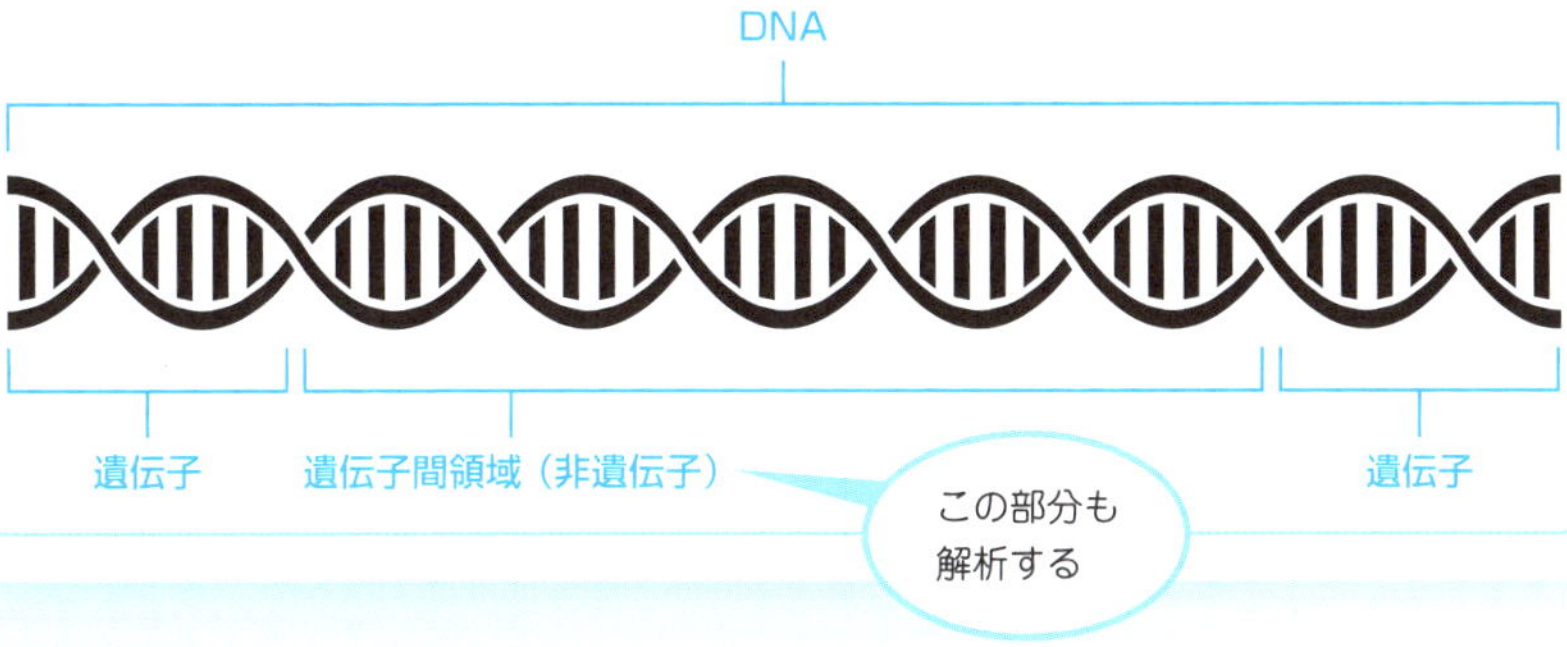

誰でも自分のゲノムを知ることができる

唾液から自分の体質やルーツがわかる

かつては考えられなかったことですが、いまや、**自宅にいながら自分のゲノムを知ることができる時代になりました。** 遺伝子情報をコンピュータで自動的に解析できるようになったことから、解析にかかる時間は飛躍的に速くなり、費用も格段に下がったので、より多くの人がゲノム解析をしやすくなりました。しかも、方法は簡単そのもの。わざわざ出向かなくても、自宅のパソコンで、申し込みから解析結果を受け取ることまでできるので、誰でも気軽に利用できます。

ゲノム解析サービスを行う会社では、**心臓や脳、消化器、呼吸器、関節などの病気やがん、身長や体重、眼の色などの体質、認知機能や記憶力、数学能力などの能力、忍耐力や好奇心、協調性などの性格にかかわる遺伝子を、何百もの項目にわたって調べます。** 病院に行くまでもないけれど健康に自信がない、親ががんなので遺伝するのではないか不安、自分の体のことがよくわからない……。そんな場合には、ゲノム解析が役立つことでしょう。解析結果だけでなく、多少なりともリスクがある項目については、その症状についての解説や、予防についての知識も得られる解析会社・サービスもあります。また、薬局との連携サービスがある場合は、自分に合った薬の提供を受けることが可能です。

唾液採取で解析サービスを受けられる

誰でも簡単にできるゲノム解析。ウェブサイトでゲノム解析用のキットを注文し、唾液を採取してキットを送り返すだけ。解析結果も自宅のパソコンで確認できる。

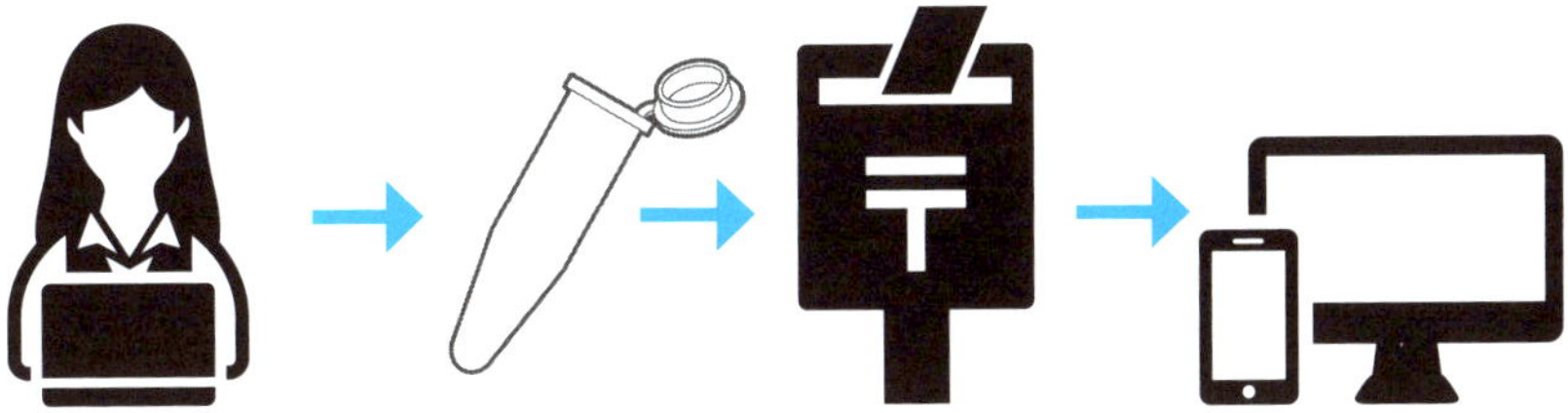

①ウェブサイトで申し込み、会員登録 ②解析会社から届いたキットに唾液を採取 ③キットを解析会社に返送 ④メールで届く解析結果を確認

350 以上の項目を解析

遺伝的にどんな病気にかかりやすいか、体質や性格、食の好み、お酒の強さはどうかなどがわかり、母系のルーツまで知ることができる。大規模なゲノム解析を行えば、複数の遺伝子がかかわる病気の詳細もわかる。

解析項目例

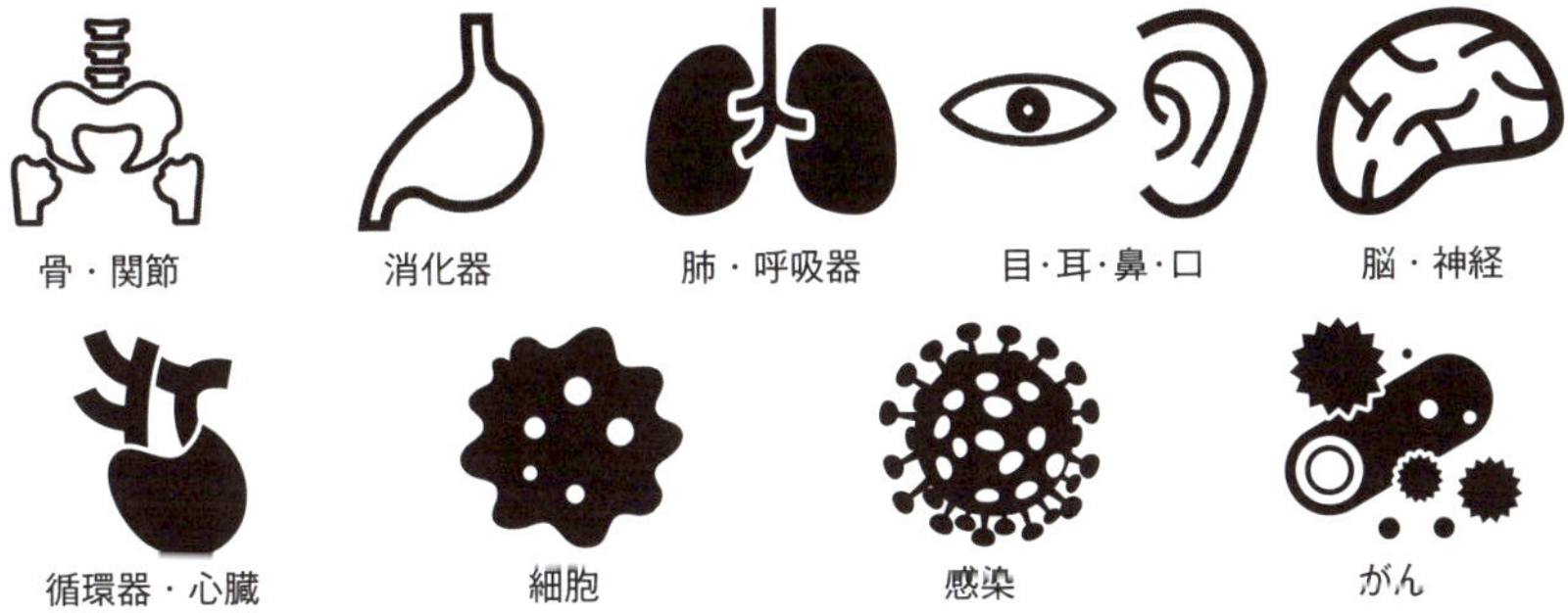

結果を知って体質改善

ゲノム解析で自分のリスク傾向を知った人は、積極的に体質改善を始めるといいます。がんや心臓病、糖尿病、肺の病気、肥満などの原因のほとんどは、生活習慣。ライフスタイルを変えるきっかけとなり体質改善ができれば、治療や薬、つらいダイエットも必要なくなるというメリットもあります。

COLUMN 1

なぜ、がんになるの？

細胞のコピーミスがきっかけ

日本人の２人に１人ががんになるといわれていますが、その原因は私たちの体をつくっている細胞にあります。体には約37兆個の細胞があり、毎日数千個単位の細胞が死んでは細胞分裂をして、新しい細胞をつくり続けています。細胞分裂をする前は、体の設計図である遺伝子をコピーして同じ細胞をつくりますが、コピーミスが起きることがあります。**コピーミスによって遺伝子が変化し、その異常な細胞が増えると、かたまりになります。これが、がんの正体です。**

私たちの体にはもともと、異常な細胞を取り除いたり修復したりする働きがそなわっていますが、なにかの理由でその働きができなくなると、異常な細胞が生き残って、コピーを繰り返して増え続け、がん細胞となって、まわりの組織や大腸や胃、肺などの臓器に侵入していきます。

ただ、すべてのコピーミスががんになるわけではありません。悪さはしないで、むしろ進化のきっかけになることもあります（P.98参照）。

【がんは遺伝子のせいだけじゃない】

たとえば、肺がんは遺伝子の影響が８～14％で、あとは喫煙など生活習慣によるものだといわれています
生活習慣が予防のきっかけに！

COLUMN 2

お酒が飲める人、飲めない人

日本人に下戸が多いのはなぜ？

お酒をいくら飲んでも、まったく酔わない人もいれば、ちょっとなめただけでも顔が真っ赤になって酔っぱらってしまう人もいます。この違いはどこにあるのでしょう。

お酒が飲めるか飲めないか、あるいは、アルコールに強いか弱いかは、お酒を飲んだときに発生する有害物質、アセトアルデヒドをすばやく処理できるかどうかにかかっています。アルコールは、ADH1B という遺伝子の働きでアセトアルデヒドに変わり、ALDH2 という遺伝子の働きで分解されます。遺伝子ALDH2 がきちんと働けば、悪酔いすることもなくお酒を楽しむことができますが、この遺伝子に異常があると、分解されないアセトアルデヒドが体内に長くとどまって、悪酔いしたり、お酒が飲めない体質になってしまいます。

歴史的に日本人などモンゴロイド系の人々は、遺伝子の突然変異のために、アセトアルデヒドが分解されにくい体質になり、お酒に弱くなっていったといわれています。逆に、ヨーロッパやアフリカ系の人々にこうしたことはなく、お酒に強いとされています。

【縄文人はお酒が強かったって、ホント？】

ゲノム解析で判明！
日本人約１万人のゲノム解析によると、遺伝子 ADH1B の変異は約２万年前に、ALDH2 の変異は約7500 年前に増え始めたらしい。

「ゲノムを編集する」って実際何をする？

ねらった遺伝子を切って変える

ゲノムを知って病気や体質に関係する遺伝子がわかれば、理論的には、ゲノムを編集することによって、病気の予防や治療、体質改善につなげることが可能です。植物や動物なども、弱点を補ったり、よりよいものに変えることができます。

編集は、まずゲノムの中の変えたい遺伝子を切り取ることから。**ハサミの役目をするDNA切断酵素を細胞に入れ、ねらう遺伝子を見つけ出して、切り取って破壊します。**こうすれば、切り取られた遺伝子は働かなくなります。**破壊した遺伝子の一部を置き換えたり、良い遺伝子を組み込んだりもできます。**こうして、ゲノムを希望する性質に変えていくのです。

医療に応用すると、病気の原因になる遺伝子を修復し、修復した細胞を患者に戻して治療することができます。患者の細胞を使って、難病の原因になる遺伝子を修復することも可能です。ゲノム編集によって実験マウスに特定の病気を発症させ、新しい治療法や副作用の少ない新薬の研究も進んでいます。

ゲノム編集は動植物の品種改良などにも利用され、育てやすい養殖魚、日もちがする野菜や栄養価の高い野菜などがつくられています。産業の分野でも、微生物や植物を使って環境にやさしい燃料をつくる取り組みが始まっています。

ゲノム編集のしくみと応用

ゲノムを直接操作するゲノム編集。ノーベル賞を受賞した「クリスパーCas9（キャスナイン）」という酵素のハサミを使って、ねらった遺伝子を正確に切り取り、遺伝子配列を変える。

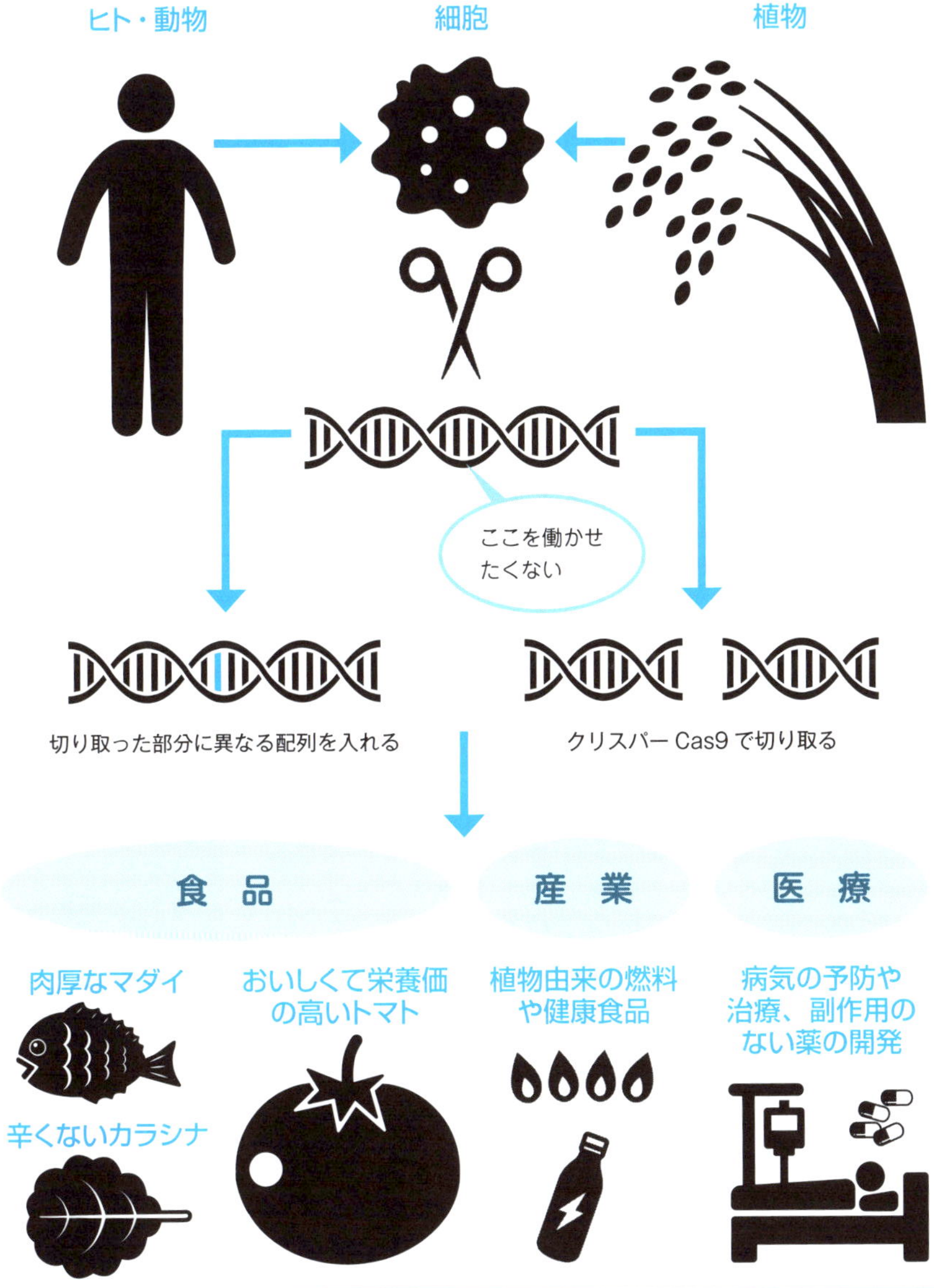

ゲノムをどう使って病気を治すの？

正常な細胞を移植する

ゲノム編集の治療は、遺伝子が原因の病気に対して行われます。遺伝子に異常が起きると、生命に必要なタンパク質がつくられなくなったり、逆に必要以上につくられたり、不要なタンパク質や異常なタンパク質がつくられたりして、病気の原因になります。ということは、**遺伝子の異常を正すことができれば、病気を防いだり治療したりできる**ということで、**これを可能にするのが、ゲノム編集治療です。**

世界で初めてゲノム編集治療が行われたのは２０１４年、ＨＩＶ（ヒト免疫不全ウイルス）感染症の患者に対してでした。治療法は、感染の原因になる遺伝子を破壊し、正常な細胞を患者に移植するというものです。その結果、**半数の患者の症状が消え、薬の服用も不要になったと報告されています。**また、２０１５年には、１歳の白血病患者にゲノム編集をした免疫細胞を移植する治療が行われ、経過は良好だと伝えられました。この場合は、ドナーが見つかるまでの「つなぎ」の処置だということでしたが、その後、白血病へのゲノム編集治療の研究は、加速度的に進んでいるようです。

このように世界中でゲノム編集が注目されているいま、日本でも世界最高水準の、国民がより広く活用できるゲノム医療の実現をめざして、「ゲノム医療推進法」が成立しています。

ゲノムを治療にいかすしくみ

ゲノム編集治療は、病気の原因になる異常な遺伝子をはずして、正常な遺伝子に置き換え、体を正常な状態に戻す治療。これによって患者は本来の免疫力を取り戻すことができる。さまざまな編集の種類や方法が研究され、一人ひとりに合った治療法の開発が期待されている。

治療の手順

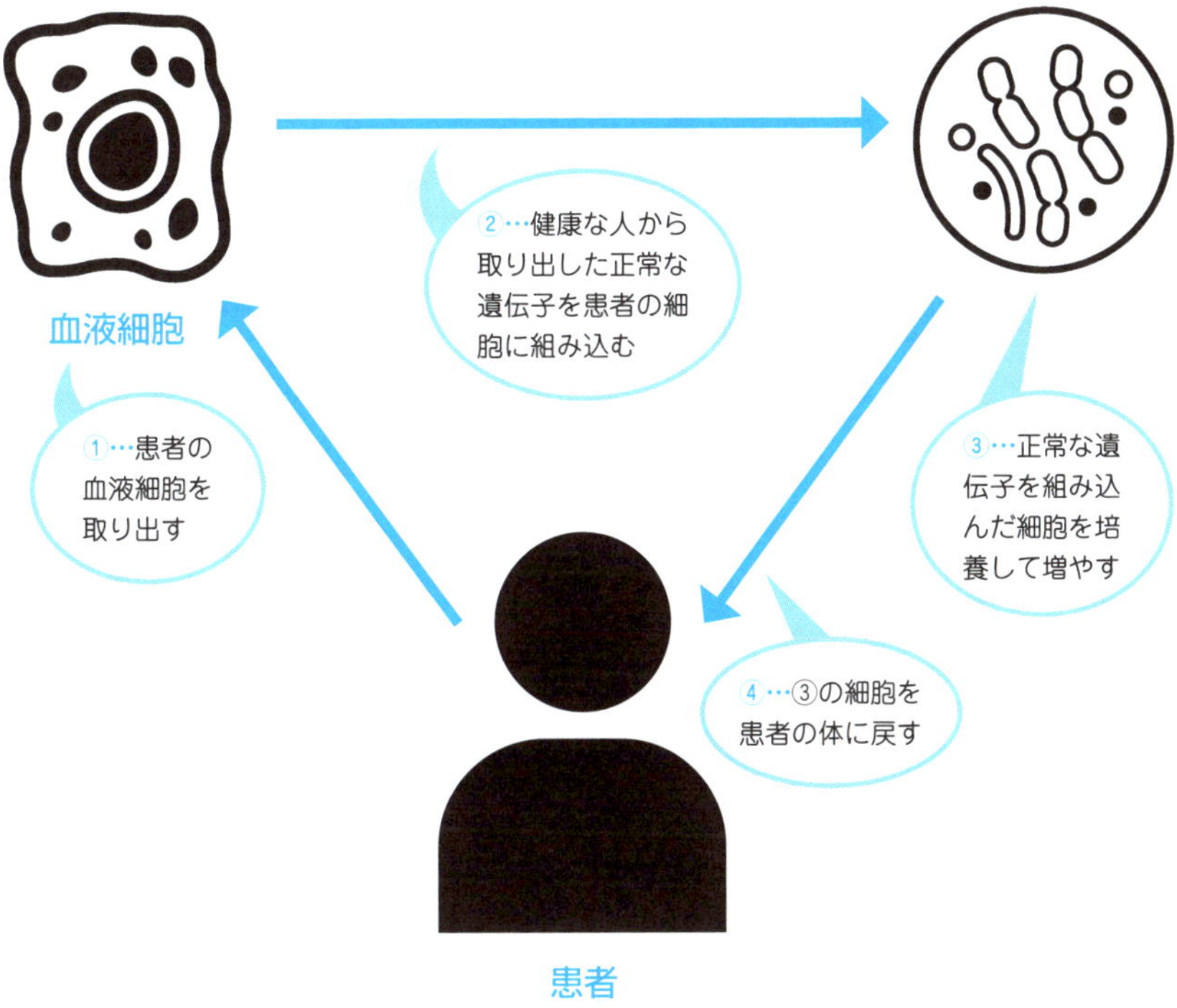
血液細胞
①…患者の血液細胞を取り出す
②…健康な人から取り出した正常な遺伝子を患者の細胞に組み込む
③…正常な遺伝子を組み込んだ細胞を培養して増やす
④…③の細胞を患者の体に戻す
患者

ゲノム編集治療のメリット

2024 年現在、世界中でゲノム編集治療の安全性・有効性が承認されているのは、鎌状赤血球貧血症だけですが、今後、ほかの病気への応用も期待されます。従来の治療は、手術や定期的な注射も必要でしたが、ゲノム編集治療は遺伝子から根本的に治すので、1 回の治療でも OK。正常な細胞を傷つけることがないので、副作用が少ないのもメリットです。

副作用が少なくて効果が高い薬をつくれるゲノム創薬

ゲノム情報のデータベースを活用

ゲノム創薬とは、コンピュータによるゲノム解析の情報を活用して、新しい薬をつくることです。まずは、コンピュータ上で病気の原因になる遺伝子を見つけ出し、その遺伝子がつくるタンパク質の情報を調べます。そして、そのタンパク質に結合する物質から薬の候補を探し出し、最も合った治療薬を選びます。この方法なら、**遺伝子情報をくまなく調べたうえで、破壊したい細胞だけをねらう物質を見つけることができるので、一人ひとりに合う、治療効果が高く副作用の少ない薬をつくることができます。**

現在、日本ではゲノム創薬でつくられた薬のうち、遺伝性網膜ジストロフィー、悪性神経膠《こう》腫《しゅ》、慢性動脈閉塞症、多発性骨髄腫、リンパ腫などの薬が承認されています。なかでも、脊髄性筋萎縮症の薬は、１億６７００万円という値段が話題になりました。

世界では多くの新薬が開発されていますが、現時点で日本ではその70％以上が未承認の状態です。薬の承認に必要な臨床試験がなかなかできないことが理由の一つとされていますが、一方で、**創薬につながる物質は次々に発見され、研究が進められています。それらが実用化されれば、それぞれの患者に合うオーダーメイドの医療も夢ではなくなるでしょう。**より多くの人が気軽に利用できる日が待たれます。

原因の遺伝子を見つけて薬を開発

コンピュータ上でゲノム解析データを利用し、病気の原因となる遺伝子を見つけて、タンパク質の構造を再現。それらに作用する薬の候補を探し出す。

創薬の流れ

①…病気の原因になる遺伝子を突き止める
②…その遺伝子がつくるタンパク質の構造を再現する
③…②のタンパク質に作用する薬の候補を探し出す
④…治療薬を決める
⑤…臨床試験で効果を確認する
⑥…有効性、安全性の確認をして発売

それぞれの病気・体質に合った薬ができる

ゲノム創薬では、患者自身の遺伝子情報をもとにするため、副作用が少なく効果が高い薬をつくることができる。

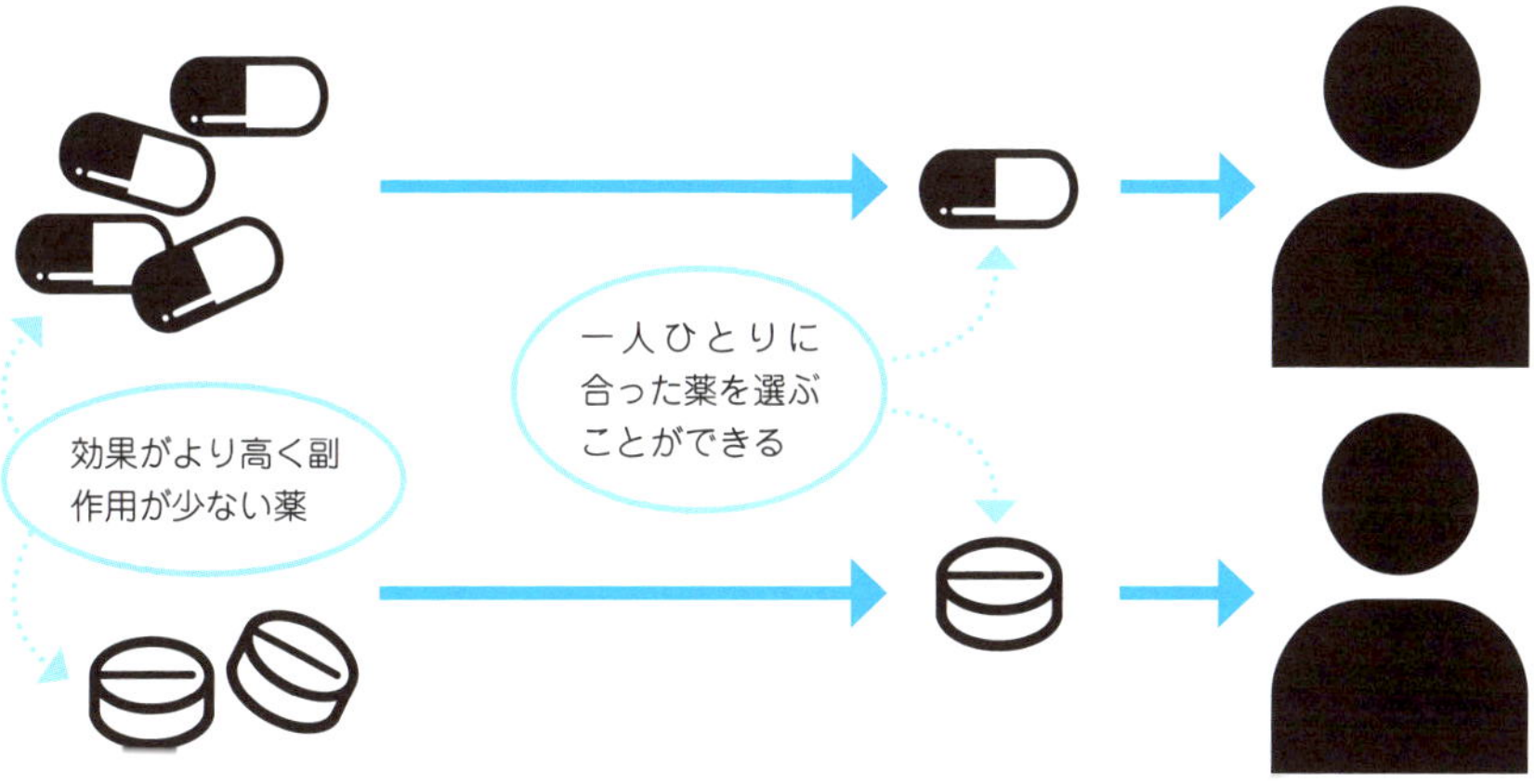

ゲノム創薬のスピード感

　これまでの創薬は、薬の候補になる物質の作用を調べるために、一つずつ試験をする必要があり、非常に時間がかかりました。ゲノム創薬は、あらかじめ病気に関係する遺伝子を特定し、それに対応する物質を見定めてから薬の開発にとりかかることができるので、開発期間は圧倒的に短くなります。

ゲノム編集と遺伝子組み換えはどう違う?

自身の遺伝子か他の遺伝子か

食品の品種改良についてよく聞かれるのが、ゲノム編集と遺伝子組み換えの違いです。これまでみてきたように、**ゲノム編集の特徴は、もともともっている遺伝子を切断したり、切断した部分に自分がもっている別のものを組み込むなどして、もとの性質を変えることです。**一方で、**遺伝子組み換えは、別の生物がもつ遺伝子を、性質を変えたい生物に組み込むもので、まったく新しい生物が誕生することになります。**たとえばトマトの品種改良の場合、ゲノム編集では、もとのトマトの遺伝子を操作するだけなので、別の生物にはなりません。ところが、遺伝子組み換えでは、リンゴやヒラメなど別の生物の遺伝子を入れることも可能で、もとのトマトとは、まったく別物ができることになります。

遺伝子組み換えの技術は１９７０年代に登場してから、あっという間に世界中に広がりました。それまで同じ種どうしの遺伝子しか使えなかったのが、別の種の遺伝子も利用できるようになったことで、さまざまな試みが可能になったからです。**ただ、入れたい遺伝子をどこに組み込むのか指示できないので、必ずしも成功するとはかぎらないのが難点です。**その点、ゲノム編集は成功率が高く、改良の期間も3週間程度。２０１９年には厚生労働省が、届け出制でゲノム編集食品の流通を認めています。

世界初の青いバラは遺伝子組み換え

青い花の色素をつくる遺伝子を見つけ、それをバラの細胞に組み込んだ。十数年の試行錯誤が実を結び、2004 年に成功。

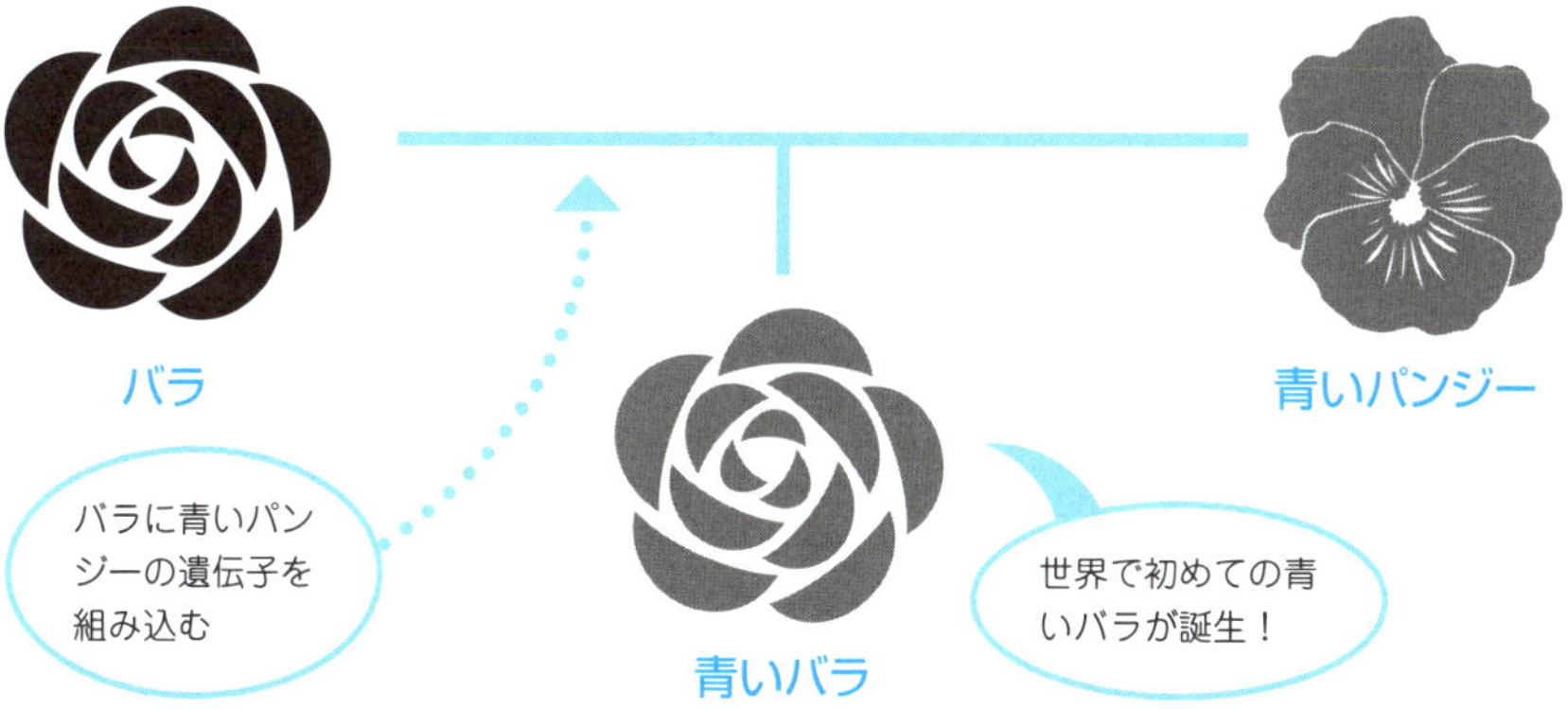

編集と組み換えではまったく違うトマトができる

ゲノム編集トマトは、自分の遺伝子を切って改良したもの。遺伝子組み換えトマトは、別の生物の遺伝子を組み込んだもの。

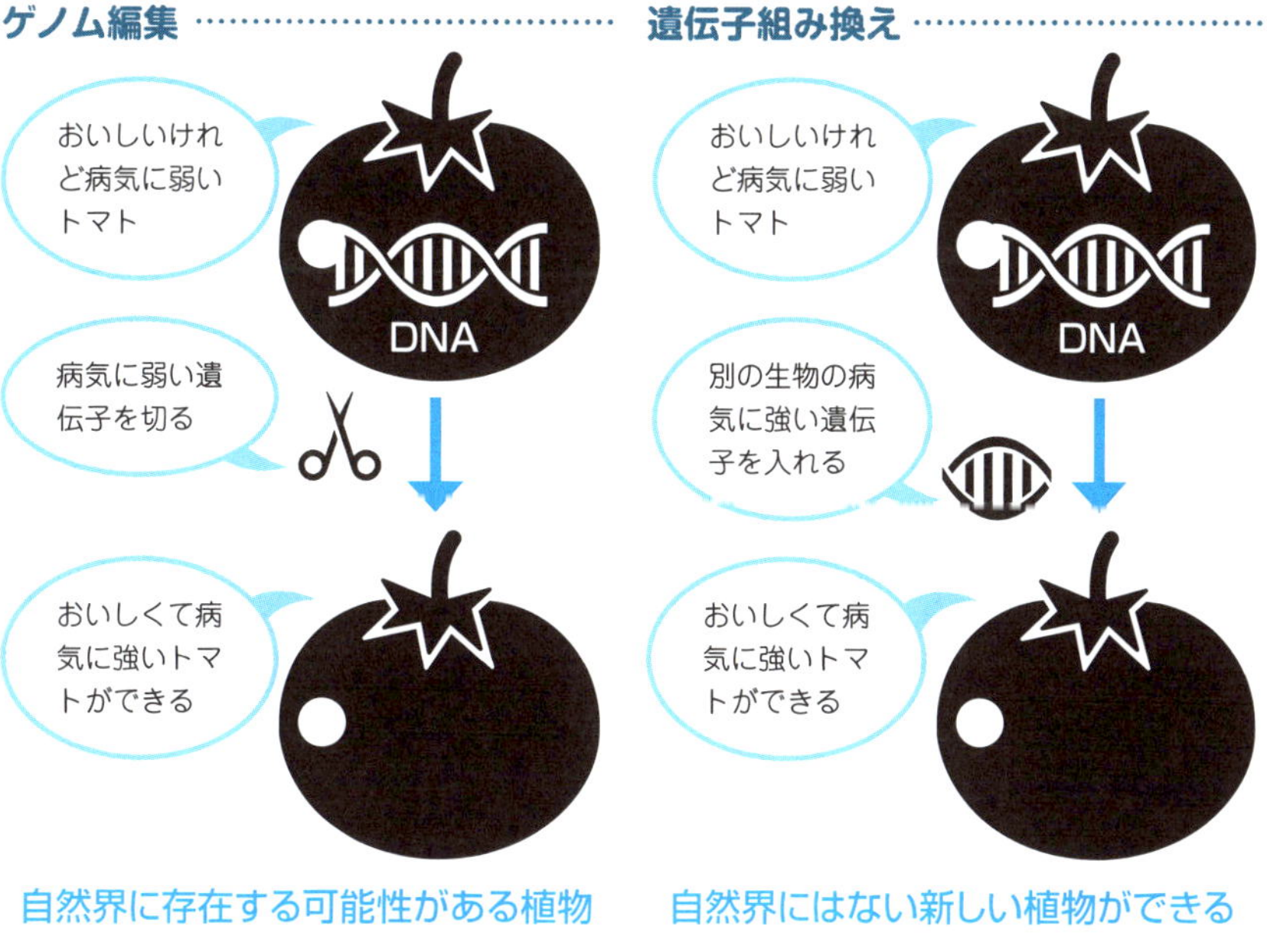

ゲノム編集は食糧問題も解決できる

丈夫で早くたくさんできる食品を

人口増加や温暖化の影響で、世界的な食糧不足が問題になっています。とくに自給率が低い日本は待ったなしの状況で、早急な解決策が求められています。食糧不足を解消するには、気候の変化に影響されにくく、病虫害に強く、栄養価が高く、食べる部分が多い食品を、早くたくさんつくることが必要です。ここでも、ゲノム編集が威力を発揮します。**イギリスではゲノム編集によって、鳥インフルエンザにかかりにくいニワトリを開発しました。**このニワトリが普及すれば、集団感染を予防でき、大量のニワトリを殺処分することもなくなります。

日本では現在、ゲノム編集によって、**芽や皮に毒をもたないジャガイモや、雨に強いコムギ、収穫量の多いイネ、血圧を下げたりリラックスさせる機能のあるアミノ酸ＧＡＢＡを多く含んだトマトなどが開発されています。**卵アレルギーの子どもも食べられる卵がつくられ、その卵に薬の成分を加えることにも成功しています。ＧＡＢＡトマトや肉厚なマダイ、成長の早いトラフグは、すでに販売されていて、ジャガイモをはじめ、ほかの食品も実用化が待たれているところです。**これまでは30年かかった品種改良が、ゲノム編集なら2～3年でも可能です。**今後もさまざまな品種改良が行われ、食糧問題の解決につながっていくことと思われます。

アレルゲンの少ない卵、インフルエンザに強いニワトリ

世界初のニワトリのゲノム編集は日本。アレルゲンの少ない卵の開発に成功。イギリスでは、鳥インフルエンザにかかりにくいニワトリが誕生した。

日本

【アレルゲンの少ない卵開発】

イギリス

【インフルエンザに強いニワトリ誕生】

オスの精子をゲノム編集。卵アレルギーの成分の１つ「オボムコイド」の遺伝子をなくす
アレルゲンの少ない卵が誕生。薬の成分を含んだ卵の開発にも成功！
ニワトリの体内で、鳥インフルエンザに関係する遺伝子 ANP32A をゲノム編集
鳥インフルエンザに強いニワトリ誕生！

ゲノム編集で収穫量の多いコムギに改良

コムギは収穫時期に雨にあたると穂についたまま芽が出て、デンプンやタンパク質が分解され食用には向かなくなる。この問題をゲノム編集が解決。濡れても発芽しにくいコムギが登場した。

(右) ゲノム編集で雨に濡れても発芽しにくくなったコムギ
(左) ふつうのコムギ
国立研究開発法人 農業・食品産業技術総合研究機構資料より

水産業不振を解消する魚のゲノム編集

水産業界のゲノム編集にも、目を見はります。筋肉の増加や成長を止める遺伝子の機能をなくして、通常の 1.2 倍の重さになった " 肉厚マダイ " をつくったり、プリプリ食感の "22 世紀ふぐ "、おとなしく養殖しやすいサバやマグロなどが開発されています。一般的な品種よりも成長が圧倒的に早いので、効率的かつ経済的。味もよいといわれます。

ゲノム編集で花粉症もなくせるかも？

品種改良で無花粉のスギをつくる

花粉症に悩む人は多く、私もそのひとりです。対策としては、アレルギーを抑える薬やスギ花粉の舌下免疫療法などがあり、スギ花粉症緩和米の開発も始まっていますが、決定的な治療法はこれといってまだありません。

そこで、**ゲノム編集による品種改良で、成長が早くて花粉の少ないスギを育てて、花粉症を減らそうという取り組みが始まりました。**日本の国土面積の約7割は、森林です。そのうち約4割は人工林で、花粉症の原因になるスギ・ヒノキ林は、その約7割を占めています。この人工スギを改良しようというわけです。これまでの品種改良では、品質を評価するために数十年かかっていたのが、ゲノムを活用すると5年ほどで、ある程度品質が予測できるようになりました。

また、CO_2の吸収・貯蓄量の多いスギへ改良する取り組みも始まっています。人間の直接的な活動でCO_2を削減するのは限界がありますが、こうして全方位的に行うことができれば効率的です。もちろん、いい品種のスギができたからといって、すぐ植え替えできるわけではないのですが、将来を見据えた研究としては、とても重要だと思います。

花粉症やCO_2の問題を生命科学のテクノロジーで解決できれば、なによりです。

ゲノム編集による無花粉スギ作戦

花粉症の大きな原因の一つ、スギ花粉をなくして苦しむ人たちを救おう作戦。ゲノム編集の応用で、圧倒的に短期間で確実な成果が上がった。

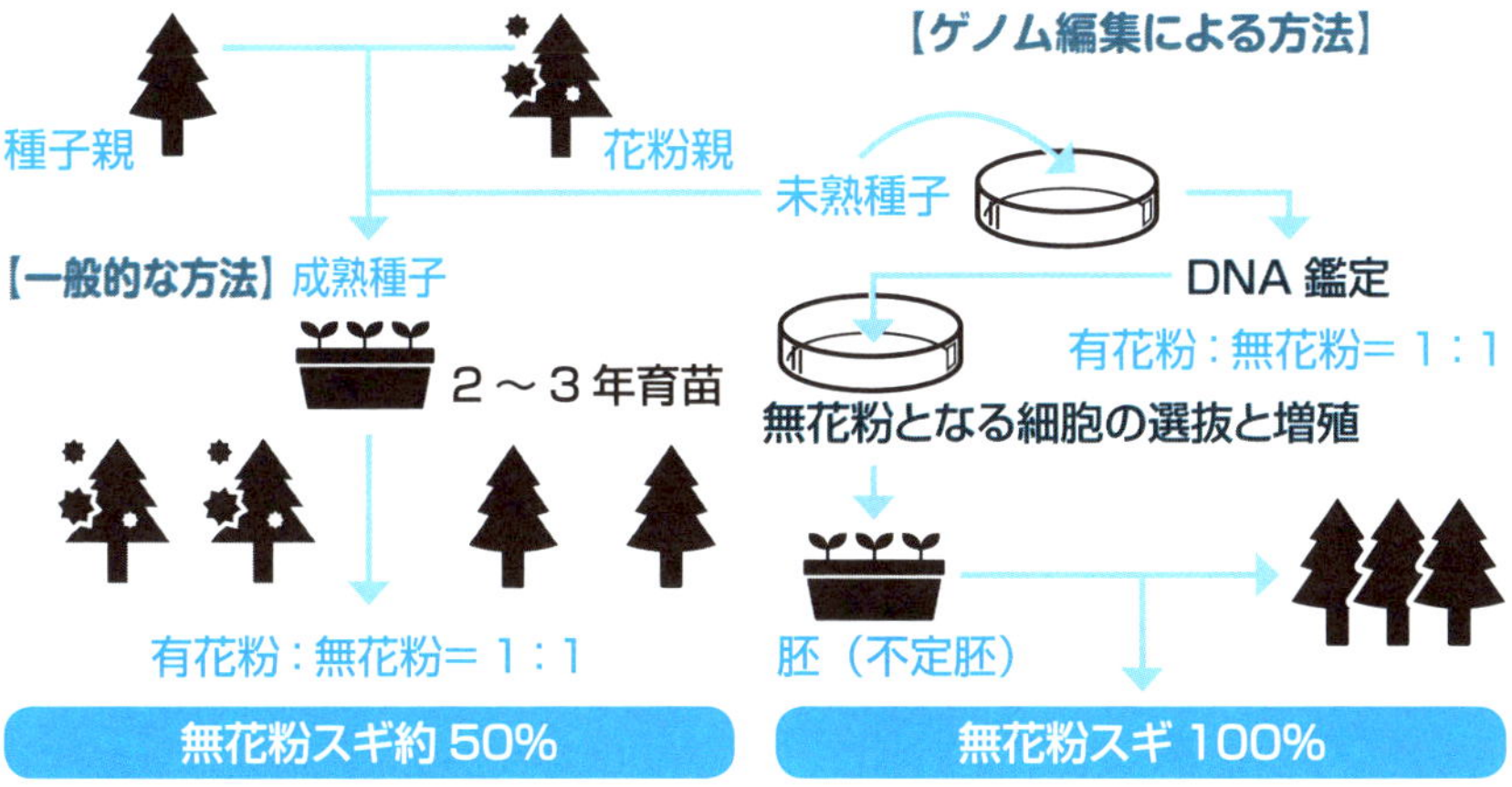

※森林総合研究所の図から

花粉の少ないスギ苗木生産量

花粉の少ないスギ苗木の需要は伸びている。林野庁では、2033 年までに花粉の少ないスギ苗木を、全スギ苗木生産量の約９割にすることをめざす。

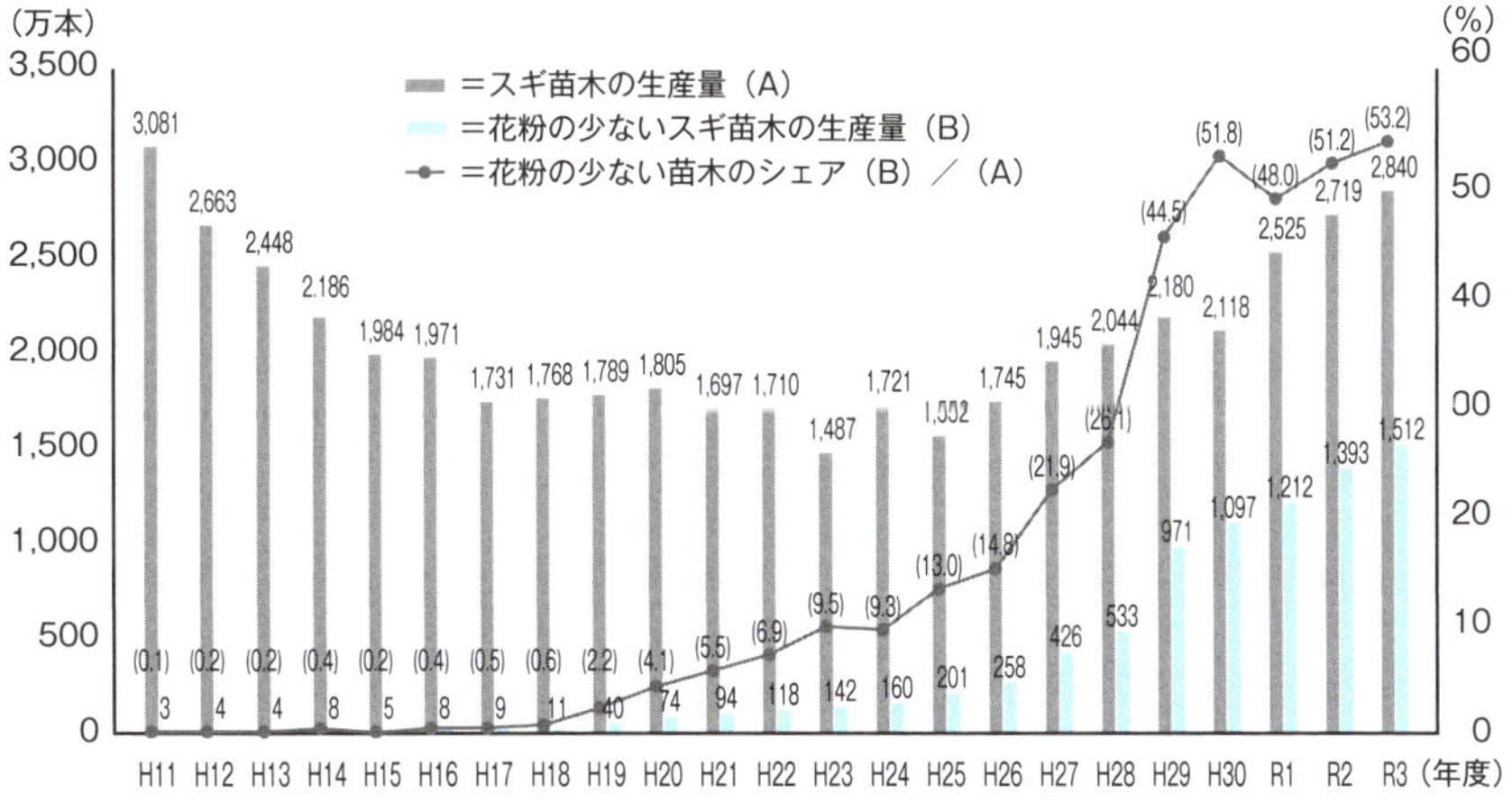

※林野庁業務資料から
　花粉の少ない苗木は無花粉、少花粉、低花粉、特定苗木を指す。平成 29 年度までは特定苗木を除いて集計。

絶滅した恐竜やマンモスの復活はできる？

ゲノム編集で絶滅危惧種を救え！

6600万年前に絶滅した恐竜をよみがえらせる。まるで映画の世界のようですが、じつは恐竜は、私たちに身近な鳥の先祖。一部共通のDNAをもっているので、ゲノム編集で恐竜に近い動物をつくることは可能かもしれません。**実際に、数千年前に絶滅したケナガマンモスを復活させようというプロジェクトがあります。**日本も近畿大学がロシアのサハ共和国と共同で、研究を進めています。そんな大昔の動物をどうやって調べるのでしょうか。実はマンモスの化石が眠っているのは永久凍土で、DNAを取り出すにはいい状態だといえます。となれば、ゲノム編集が可能。**マンモスの改変したDNAを現代のメスのゾウの卵細胞に入れ、妊娠させてクローンをつくる方法が考えられました。**ただ問題は、ゾウ自体が絶滅しかかっていること、代理母として犠牲にするのはどうかということです。そこで、ゾウに負担をかけないiPS細胞をつくって、人工子宮で受精させようという方法が進められています。

このほかに、17世紀に絶滅したモーリシャス島のドードーや、20世紀にタスマニア島で絶滅したフクロオオカミなどの復活も計画されています。しかし、技術的には可能であっても、最近絶滅した動物や、現在わずかしか残っていない動物に限るべきだという指摘もあります。

マンモス復活への挑戦

マンモスをよみがえらせるには、絶滅したマンモスの良質な DNA を見つけられるかどうかがカギ。幸いなことに、永久凍土の寒く乾燥した地帯に生息していたマンモスの DNA は、保存状態がよかった。

マンモス復活例

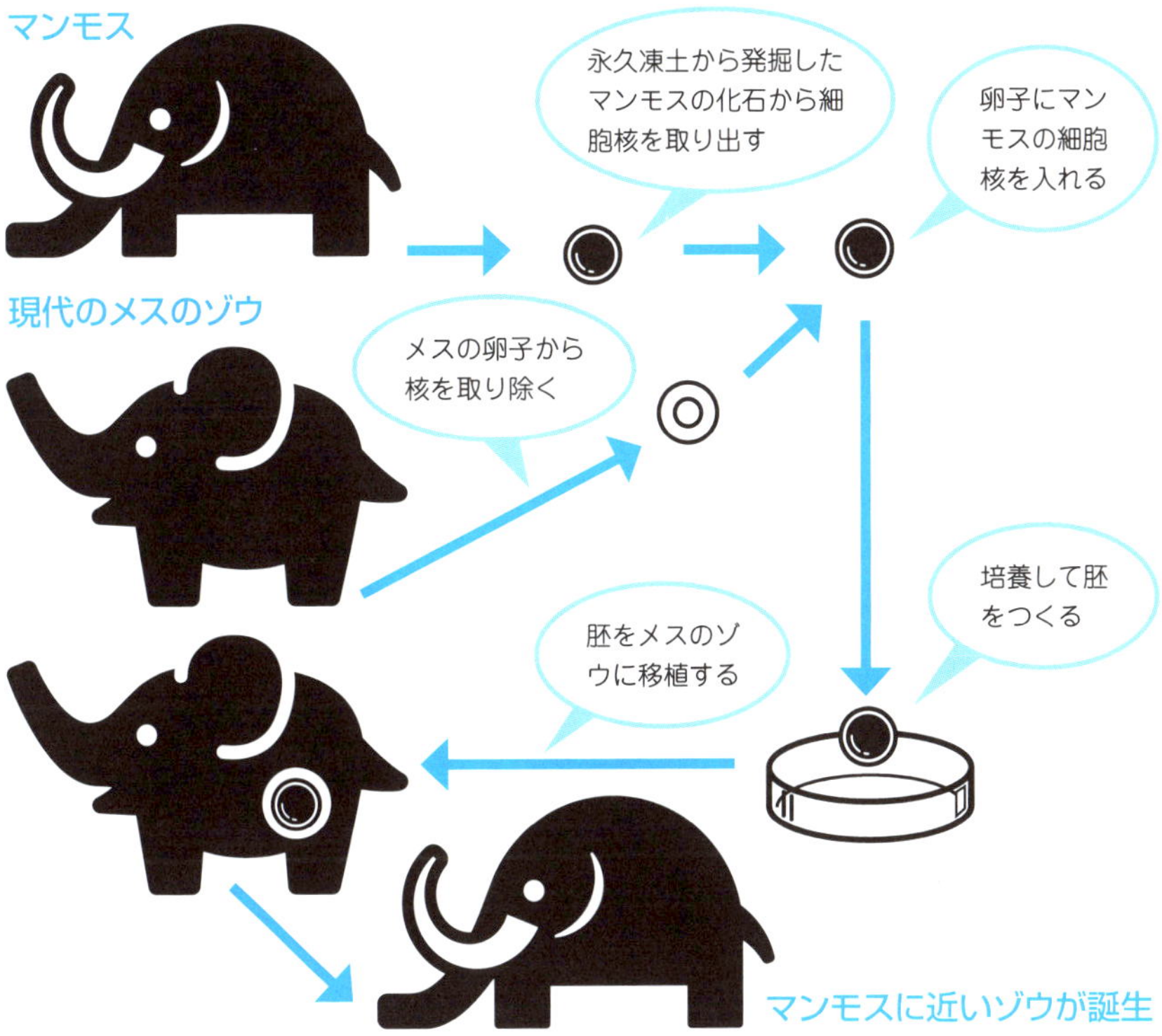
マンモス
永久凍土から発掘したマンモスの化石から細胞核を取り出す
卵子にマンモスの細胞核を入れる
現代のメスのゾウ
メスの卵子から核を取り除く
培養して胚をつくる
胚をメスのゾウに移植する
マンモスに近いゾウが誕生

絶滅種復活作戦は何のため？

マンモス復活作戦というと、夢のようなテーマパークを想像しがちですが、そうではありません。あくまで、温暖化や森林の伐採、開拓や乱獲などで絶滅しかかっている動物を救うため。復活作戦の研究がゲノム編集の技術を向上させ、姿を消しつつある動物たちの子孫を取り戻すことができれば、地球の環境もよくなるのではないか。研究者からは、そんな声も聞かれます。

ヒトのゲノムをつくることはできる？

ゲノムを「読む」から「書く」へ

「ヒトゲノム計画」によって、ヒトのＤＮＡのすべての塩基配列は、すでに解読されています。個人間の配列のわずかな違いも明らかになりつつあり、その違いに関係する病気や体質などもわかりました。そうなると次は、いよいよ「書く」（つくる）番です。病気に関係するものを含まない配列に書き換えれば、病気にかかりにくいゲノムをもつヒトをつくることができます。つまり、**リスクのない、希望するヒトゲノムの人工合成が可能な時代がやって来た**ということです。合成したヒトゲノムから人工細胞をつくって、移植専用臓器や新薬の開発につなげる。そんな研究も始まっています。

ただ、ここで考えておかなければならないことが、ヒトゲノムの合成は、どこまで許されるかという問題です。病気にかかりにくいゲノムならまだしも、超スピードでどこまで走っても疲れない運動能力抜群のゲノム、どんな天才よりもはるかにかしこいゲノム、ほかの人より何倍も長生きできるゲノム。そんなヒトゲノムをつくってもいいのでしょうか？確かに、技術的には将来的に可能になるでしょう。でも、だからといって実行すると、いろいろな問題が出てきそうです。研究者も私たちも、ともによく考え、どうするべきかを議論していく必要があります。

望みどおりのヒトをつくることも技術的には可能に

ゲノム編集でねらいどおりのヒトをつくる合成ヒトゲノムの研究が進み、応用も始まった。きれいになりたい、かしこくなりたい、強くなりたい……。そんな欲求に応えられる時代になるかもというけれど……。

どこまでが許される？

ヒトのゲノムをつくる目的は？

合成ヒトゲノムからすぐれた子どもをつくることは、遺伝的な親をもたない「デザイナーベビー」をつくることと同じです。また、原因になる遺伝子を取り除いて、希望どおりのすぐれた体型、容貌、能力、若さをもつヒトをつくることは、「デザイナー人間」をつくることにもつながります。合成ヒトゲノムの大きな目的は、医療に役立てること。人間のエゴのためだけに利用されないよう注意が必要です。

COLUMN 3

「老化する」ってどういうこと？

古い細胞がたまって体の働きを邪魔する

体の中では毎日、古い細胞と新しい細胞が入れ替わりながら、生命の活動を支えています。**古い細胞は体外に捨てられるしくみになっていますが、赤ちゃんのときから何十年と繰り返すうちに、働きがだんだん衰え、古い細胞が体内にたまっていきます。これが、老化の原因の１つです。**たまった老化細胞は、組織を傷つけたり臓器の働きを邪魔して、シワやたるみなどの原因になり、さらには病気を招いてしまいます。

しかし、最近の科学では、老化細胞を取り除くことで、老化を予防し健康寿命を延ばせることがわかっています。老化細胞を取り除くための老化細胞除去薬が世界中で研究・開発されつつあり、将来的には薬で老化を防げるようになるでしょう。紫外線や喫煙、暴飲暴食、運動不足などを避けることも、老化細胞を増やさないことに役立ちます。

加齢による老化のほかに、「早期老化症」という難病があります。20代から老化現象を起こし、ついには病気にかかって40代で死亡することもあります。傷ついたDNAを修復する遺伝子の異常が原因とみられますが、詳しいことはまだわからず、究明が急がれています。

ちなみに、クラゲやカメ、ハダカデバネズミなどは、年をとっても体力が衰えたり病気になりやすくなったりせず、老化しません。科学によって、ヒトもあまり老化せずに生涯を終える未来が来ることでしょう。

第2章

生命科学がいま最強の学問である理由

ｉＰＳ細胞って何ができるの？

いろいろな細胞になれる万能細胞

私たちの体の細胞は、初期の細胞から成長していろいろな機能をもつ細胞になります。そうするともう、ほかの機能をもつことはできません。ところが、２０１２年にノーベル賞を受賞した山中伸弥博士のグループが作製した**ｉＰＳ細胞は、成長した細胞を初期の状態に戻したもので、ヒトの体のどんな細胞にも変わることができます。**「山中因子」とも呼ばれ、世界中でさまざまな目的に活用されています。

これまで、働きを失った臓器の治療は、他人からの臓器を移植するしかありませんでした。しかし、他人の臓器が必ずしもその人に合うとはかぎらず、拒絶反応のためにうまくいかないことがありました。その点、**ｉＰＳ細胞を使えば、患者自身の皮膚などから取り出した細胞で傷ついた臓器の細胞をつくることができるので、拒絶反応の心配がありません。**

また、病気の原因を探すために患部の一部を切り取るなどする生体検査ができない場合も、ｉＰＳ細胞から目的の細胞をつくって調べることができます。薬の効果はｉＰＳ細胞からつくった細胞で調べることができるので、動物実験の必要もなくなります。いまではｉＰＳ細胞の全自動作製技術も開発され、個人の細胞からｉＰＳ細胞をつくって、何かあったときのために保管しておくサービスも出てきています。

iPS 細胞はどうやってつくる？

患者の皮膚や血液などから細胞を取り出し、細胞を初期の状態に戻す遺伝子を組み込み、培養。目的の細胞に必要な物質を与えて、いろいろな機能をもつ細胞に分化させる。

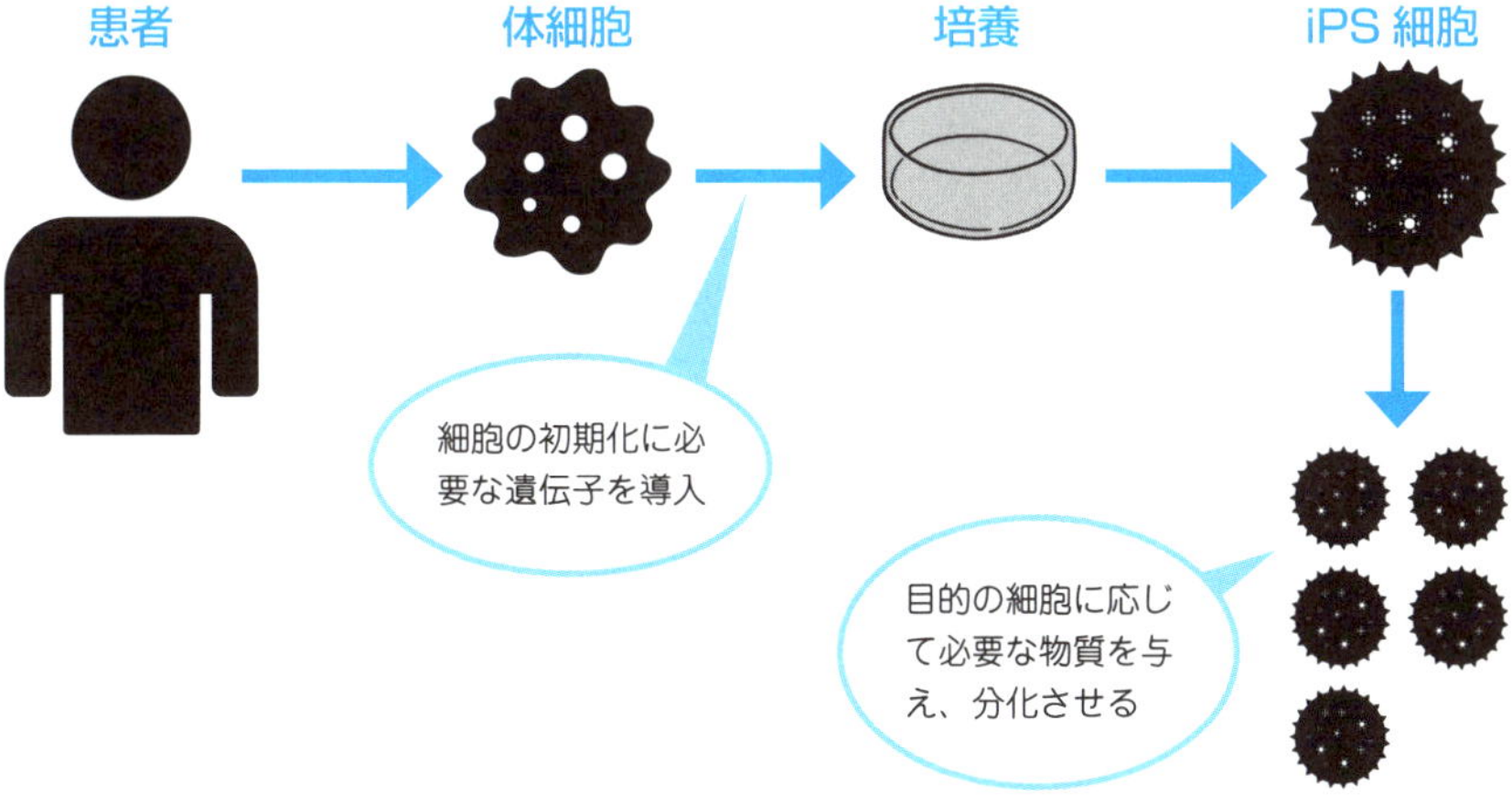

iPS 細胞はいろいろな細胞になれる！

ふつうの細胞は、自分の役割以外の細胞にはなれないが、iPS 細胞は、役割をもつ前の状態に初期化した細胞なので、いろいろな役割をもつ細胞になれる。

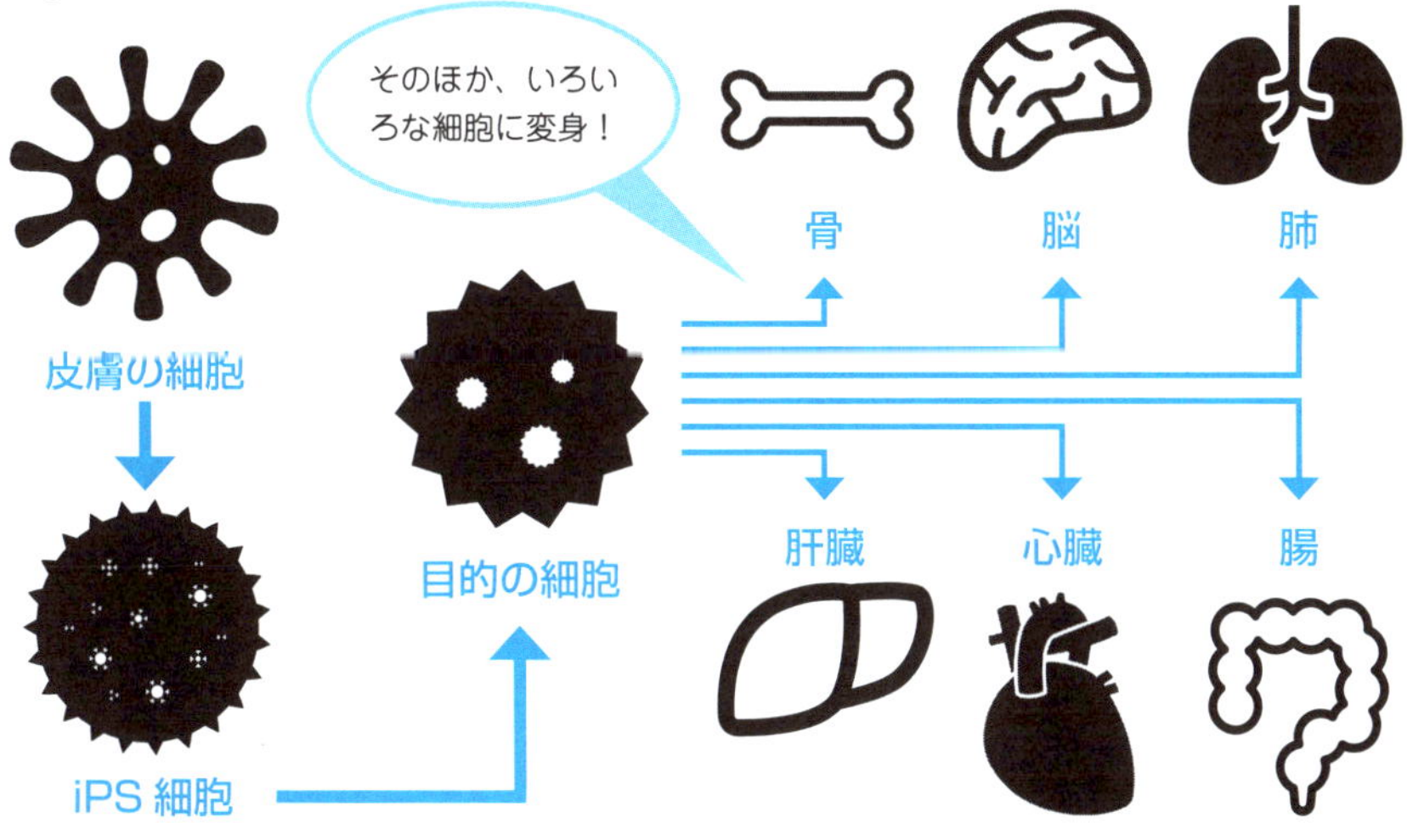

治療や薬もオーダーメイドする時代に

遺伝子情報にもとづいて病気を治す

既製品ではなく、自分の体型に合わせた洋服を注文するように、治療や薬をオーダーメイドできる時代になりました。これまでは、ある病気にかかった場合、その病気の薬を処方され、その病気の標準的な治療を受けるしかありませんでした。でも、体質はそれぞれの遺伝子情報などによって影響を受けるので、みんな同じではなく違いがあります。そのために**同じ治療をしても、人によって薬の副作用が出たり、効果がないまま治らないこともありました。**

それがいまは、標準的な治療ではなく、それぞれに合った、オーダーメイドの治療を受けられるものが出てきました。医師は患者の症状だけを診るのでなく、**遺伝子情報を調べることによって、病気にいたった遺伝的な原因や体質の傾向を知り、それに合った治療法や薬を割り出します。**そのためには、患者の個人情報を得なければならず、また、治療方針を理解し納得してもらうことも必要なので、患者との信頼関係が大事になります。

オーダーメイド治療では、遺伝子を解析することによって、まだ発症していない病気のリスクもわかるので、予防ができる可能性があります。患者本人だけでなく、家族全員の健康チェックにつなげることもでき、病気にかからない生活を楽しむことは夢ではなくなるでしょう。

治療や薬がオーダーメイドになったら

病気にかかってなくても遺伝子情報にもとづいて、あらかじめ予防でき、家族みんなの健康ライフにつながる。開発費や医療費の削減も可能に。

医療のかたちが変わる

医師は、患者の医療情報を収集
その情報にもとづいて、その人に合った治療をする
十分な説明と同意が大事
家族みんな健康に！

それぞれの体質に合った薬へ

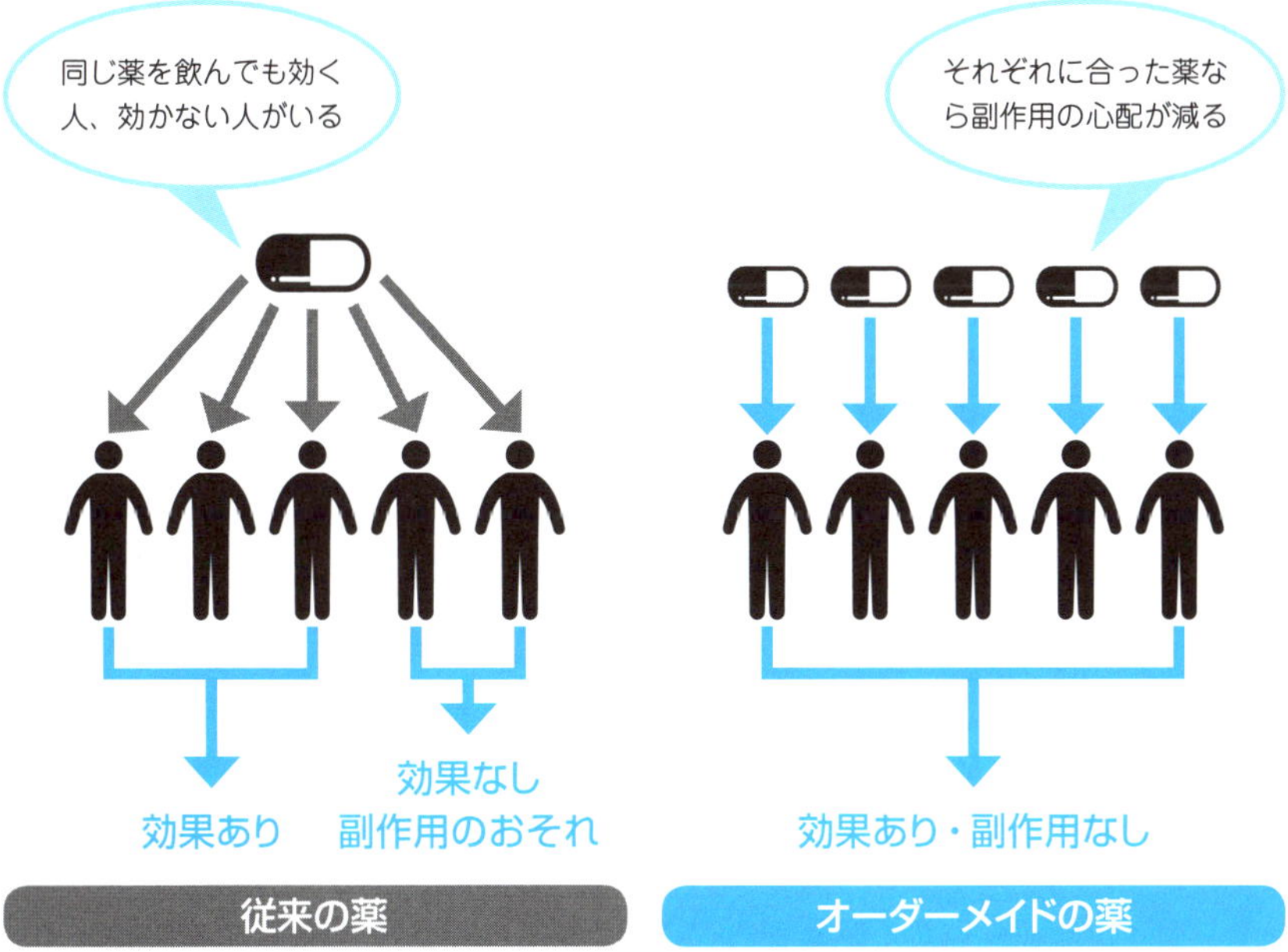
同じ薬を飲んでも効く人、効かない人がいる
それぞれに合った薬なら副作用の心配が減る
効果あり
効果なし
副作用のおそれ
効果あり・副作用なし
従来の薬
オーダーメイドの薬

難病の治療も生命科学で可能になる

ゲノム編集による遺伝子治療

　難病の多くは遺伝性疾患で、原因がわからないものや、決定的な治療法が確立していないものが少なくありません。生命科学はこうした分野にも分け入り、数々の成果を上げています。**2023年には、「クリスパーCas9」のゲノム編集技術を使って、「鎌状赤血球貧血症」と「βサラセミア」の治療方法が開発され、話題になりました。**どちらも血液をつくる造血幹細胞の遺伝子異常によるもので、正常な赤血球がつくれないために、重度の貧血を起こしたり血管が詰まったりする厄介な病気です。これまでは、他人の正常な造血幹細胞を移植する治療が行われてきましたが、ドナー不足や拒絶反応などの問題が多くありました。

　ゲノム編集による新しい治療法は、患者自身の造血幹細胞を体内から取り出し、ゲノム編集で問題の遺伝子を正常な赤血球をつくれるように改変し、患者の体内に戻すという方法です。その後の臨床試験では、痛みがなくなった、輸血量が大幅に減少した、深刻な副作用がほとんどなかったといった報告が上がっています。

　ゲノム編集を使った治療の研究は、すでに、がんや白血病、家族性高コレステロール血症などで進められています。今後さらに、パーキンソン病や筋萎縮性側索硬化症、超早期老化症など、原因不明の難病への応用が期待されます。

遺伝子治療のしくみ

遺伝子治療には、遺伝子の異常がある細胞を体外に取り出して、正常な遺伝子を導入してから体に戻す「体外法」と、正常な遺伝子を組み込んだ運び屋のベクターを体内に注入する「体内法」がある。

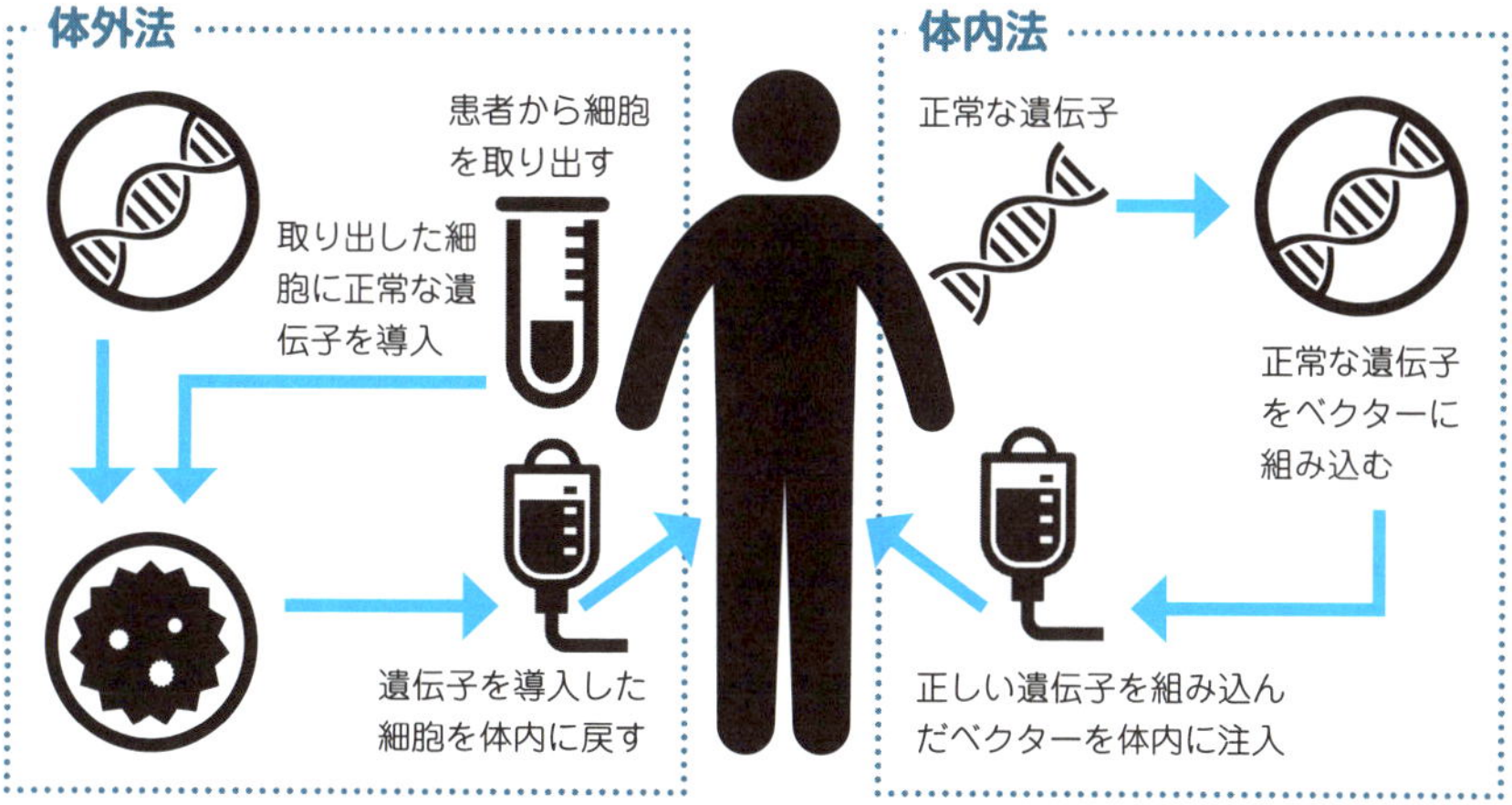

鎌状赤血球貧血症の治療

鎌状赤血球貧血症は、酸素を運ぶ「ヘモグロビン」の異常によって正常な血液がつくれず、重度の貧血を起こす難病。クリスパーCas9のゲノム編集技術によって、予防や症状の緩和にとどまっていた治療が大きく前進した。

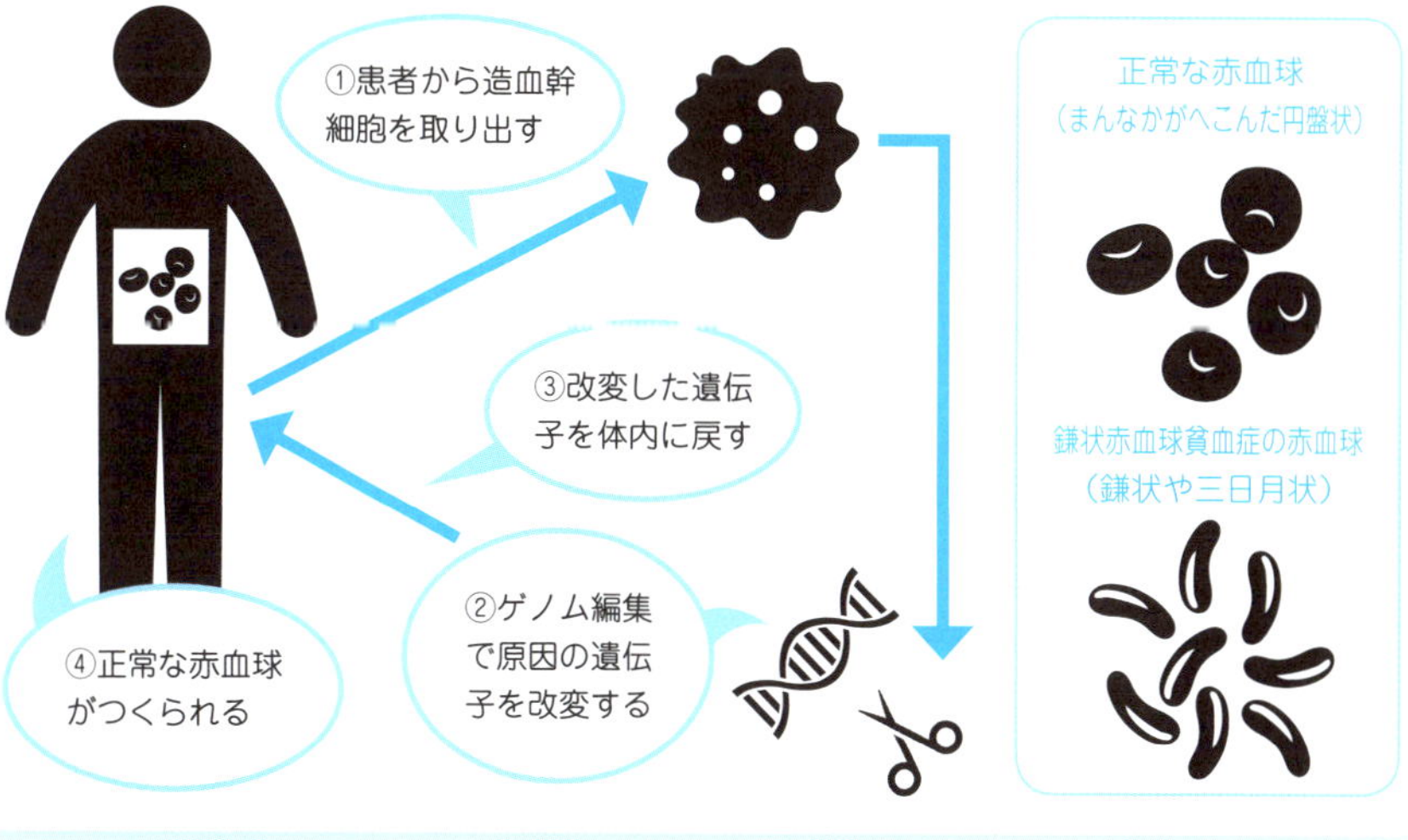

ノーベル賞を受賞した超画期的な遺伝子改変ツールは何ができる？

品種改良から医学分野にも

全遺伝子情報のゲノムをピンポイントで編集し、特定の遺伝子の働きを変える画期的なツール「クリスパーＣａｓ９（CRISPR－Cas9）」。開発したのは、エマニュエル・シャルパンティエ博士とジェニファー・ダウドナ博士で、２０２０年にノーベル化学賞を受賞しました。

クリスパーＣａｓ９は、どんな生物に対しても、望む改変を高確率で簡単に行うことができ、しかも安価ということで、さまざまな分野で応用されています。とくに動植物の品種改良への応用は、めざましいものです。少ない肥料でも収穫量の多いイネ、味がよく病気に強いトマト、やわらかくおいしいブタやウシなど、数えきれないほどの成果が上がっています。

医学分野でも各国が競い合うようにして、クリスパーＣａｓ９による治療や新薬開発に取り組んでいます。新型コロナウイルス感染症の例では、より効率的な検査や、改変した細胞を投与して抗体を獲得できる技術研究が進んでいます。さらには、オスの蚊だけしか生まれないように改変するマラリア撲滅プロジェクトなど、想像を超える規模での応用も試されています。

ただ、クリスパーＣａｓ９は使い勝手がいいだけになにかと活用されがちですが、生物全体や環境にどのような影響を与えるかについても、考えていかなければならないでしょう。

クリスパー Cas9 のしくみ

クリスパー Cas9 は、ある細胞がもっていた免疫システムを応用したもの。細胞の中の核にある DNA を、ハサミの役目をする Cas9 で切断し、切断した部分の遺伝子の働きをなくしたり、別の遺伝子を入れることで遺伝子を改変する。

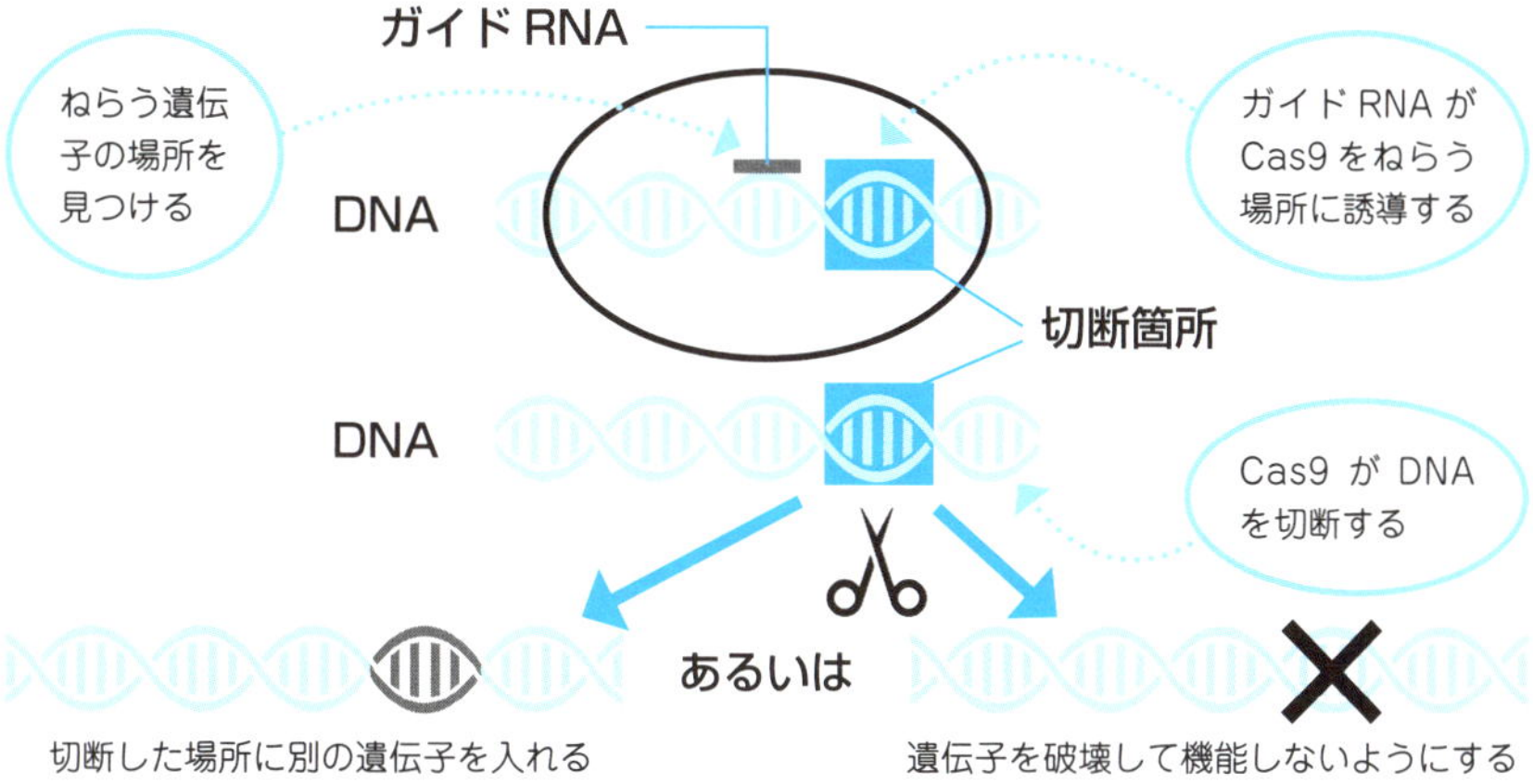

農作物の品種改良に

植物は硬い組織をもっているので、Cas9 や RNA を細胞に直接入れるのは難しい。遺伝子組み換え技術を使って、植物のゲノム上に Cas9 や RNA を入れてから改変する。ゲノム編集後は Cas9 は不要なので、交配などで Cas9 のないものを選ぶ。

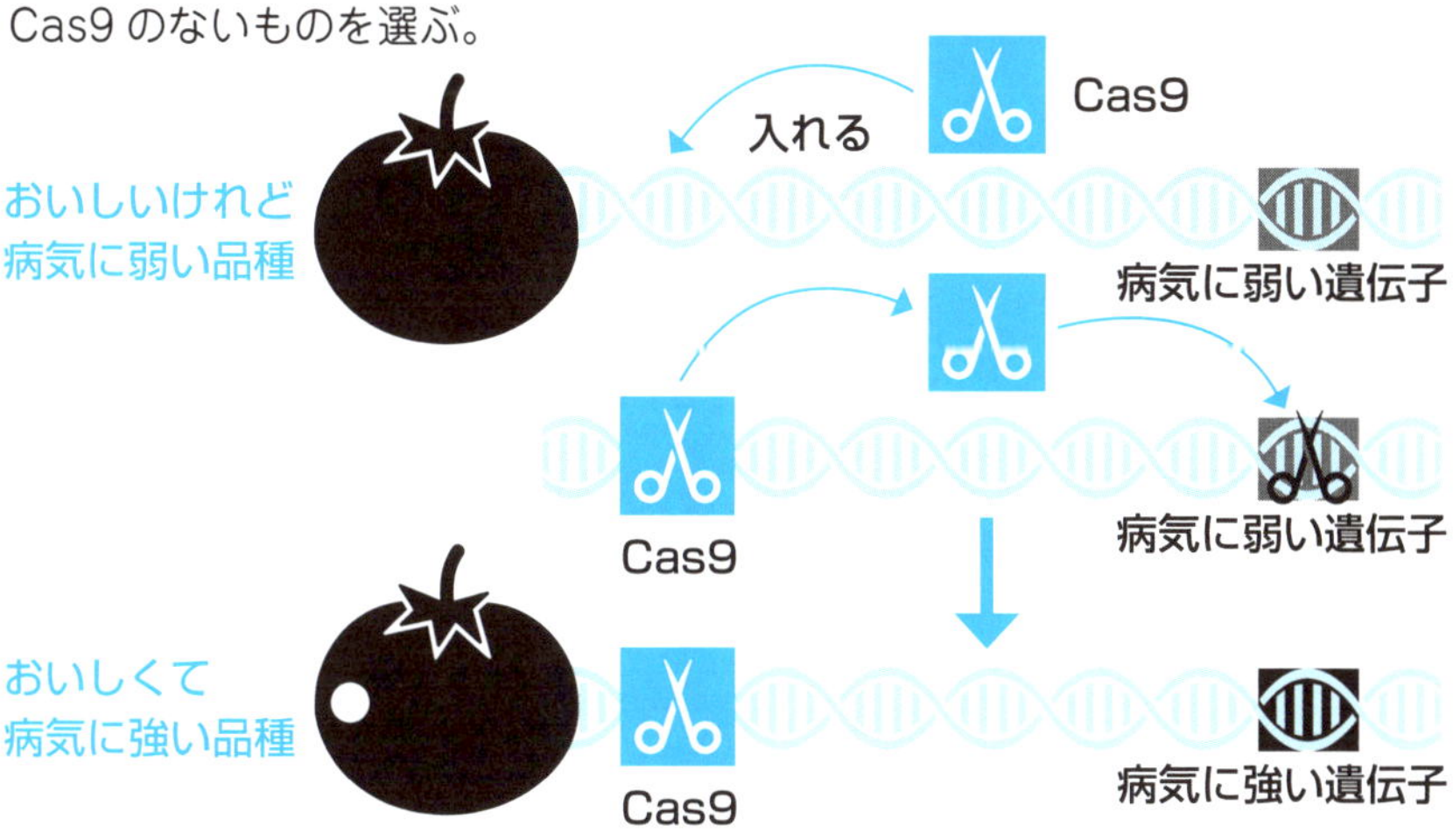

いつ病気になるか、何歳まで生きられるかがわかるようになる

高血圧や肥満が寿命を縮める

ふだんは気にしなくても、風邪をひいたり、身近な人が病気になったり、パンデミックが起きたりすると、ふと不安になります。病気や寿命の予測ができればどんなにいいか、そう考えることもあるでしょう。

生命科学は、その予測も可能にします。遺伝性の疾患は８０００種類といわれていますが、現時点で５０００種類について、どの遺伝子の変異が病気につながるかがわかってきました。

また遺伝性疾患以外にも**個性の違いをつくるスニップの情報を調べれば、がんや糖尿病などの病気の遺伝的傾向が明らかになります。**

大阪大学大学院のグループは、70万人のゲノム情報を活用して、健康リスクの原因を調査しました。**ゲノム情報から遺伝的なリスクや、血圧や心拍数などのような、病気や健康の度合いを示す数値（＝バイオマーカー）を予測し、寿命の長さとの関連を調べた結果、高血圧や肥満が世界中の人々の寿命を縮める原因であることがわかったといいます。**日本人は高血圧、欧米人は肥満の影響が大きいことも明らかになりました。この方法をさらに進めると、健康リスクをより正確に予測し、健康寿命を延ばせるかどうかも推定できるようになります。世界各国で、オーダーメイド医療や予防医療が実現する日が待たれます。

ゲノム情報活用で将来の健康リスクや寿命を知る

世界中から集められた70万人のゲノム情報を活用することで、これまでの観察研究では困難だった、病気などに関係する健康リスク因子の特定に成功。オーダーメイド医療や予防医療への活用が期待される。

これまでの観察研究

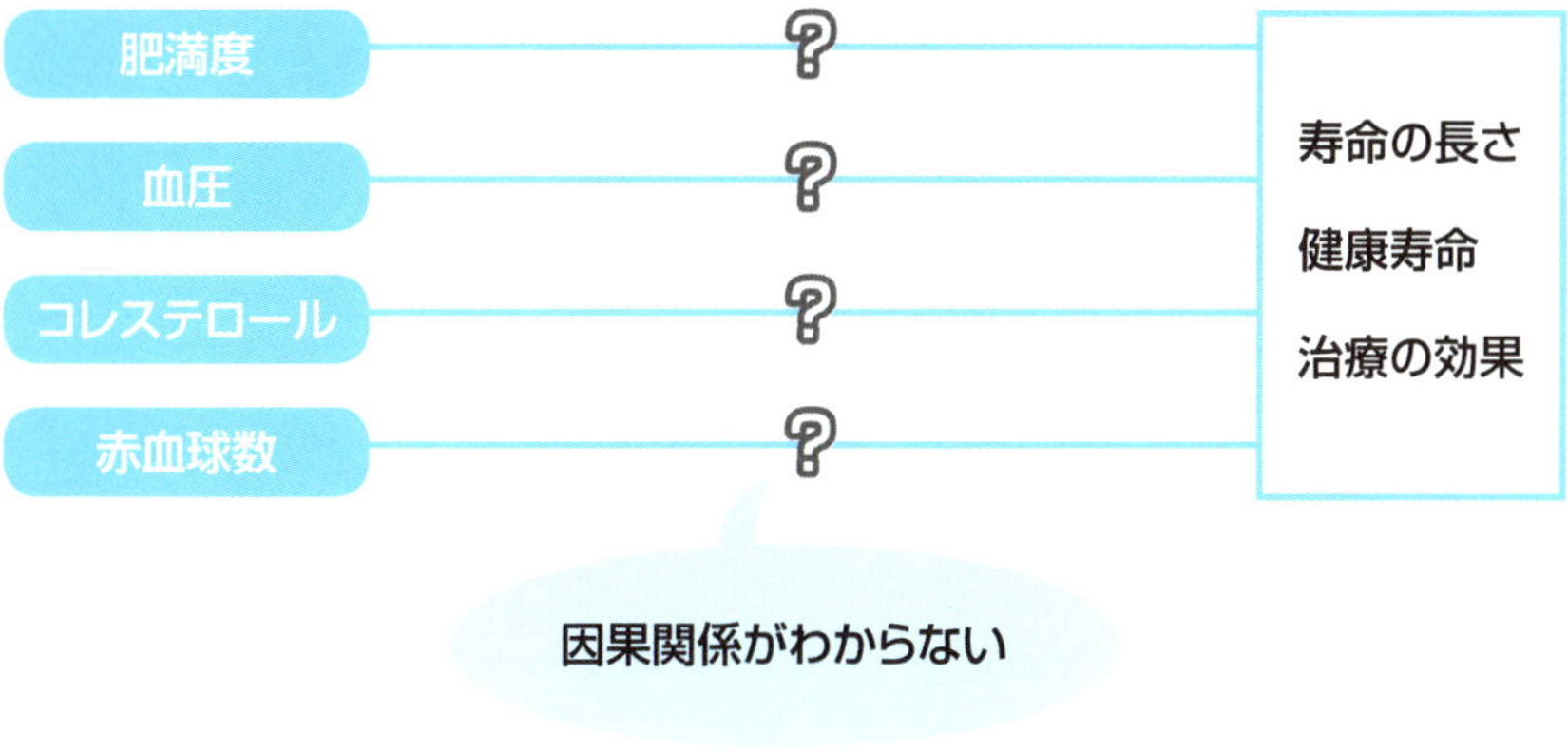

近年のゲノム研究

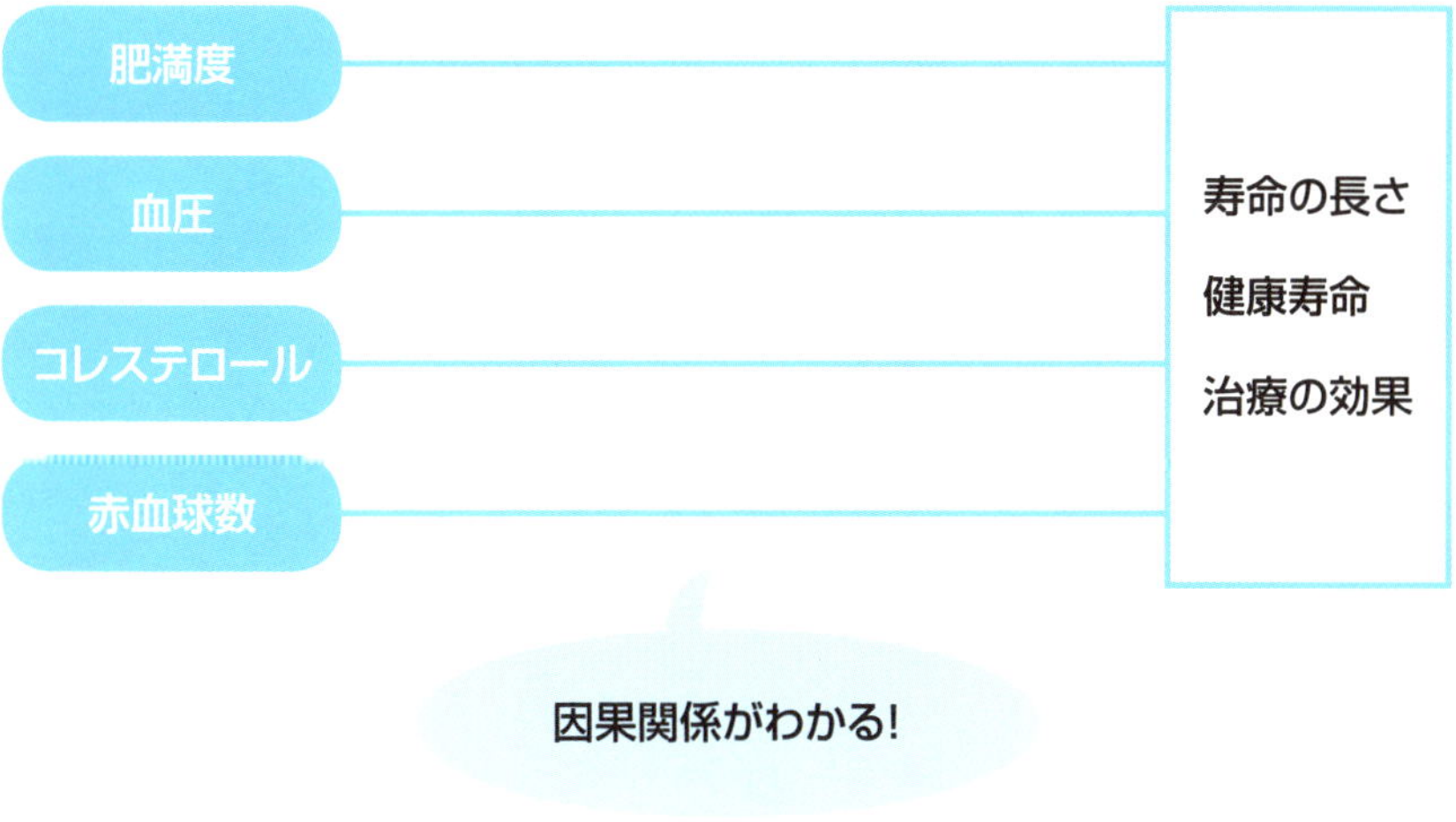

バイオマーカー……病気のあるなしや、病状の進行度、治療の指標となる項目。
血圧、心拍数、心電図、血糖値、血液や尿に含まれるタンパク質など。

ワクチン開発も生命科学で進歩する

新型コロナワクチンの登場

　ワクチンは開発から実際に使われるまでに、十数年はかかるといわれてきました。ところが、新型コロナウイルス感染症ワクチンは、驚くことに１年ほどで普及しました。感染の深刻さに１日も早いワクチン開発が望まれていたところ、**新型コロナウイルスの配列が公開された翌日には、ｍＲＮＡワクチンの配列がデザインされました。そして、すでに感染症ワクチンとして開発され、臨床試験も行われていたｍＲＮＡワクチンが実用化されることになったのです。**

　ｍＲＮＡワクチンは、これまでとは根本的に違う考え方で開発された、ウイルスのｍＲＮＡだけを利用するという新しいワクチンです。

　コロナ以前から、ワクチンはさまざまな病気に対して使われてきました。かつては、レトロウイルスの混入による感染などのリスクもありましたが、現在は**生命科学の進歩のおかげで、ゲノム編集によってあらかじめレトロウイルスを排除した、リスクのないワクチンの製造が可能です。**

　ワクチン開発は、新型コロナウイルスでの実績からもｍＲＮＡワクチンが注目され、各国でコロナ以外の感染症に対するｍＲＮＡワクチンの開発が進んでいます。インフルエンザウイルスや、ＲＳウイルス、がんやエイズ、アレルギーなどへの幅広い応用が期待されています。

ワクチンには６種類ある

毎年、インフルエンザが流行し始めるとワクチンの接種が呼びかけられるが、関心が一段と高まったのは、やはり猛威を振るった新型コロナウイルスの影響だろう。現在使われているワクチンは、下記の６種類。

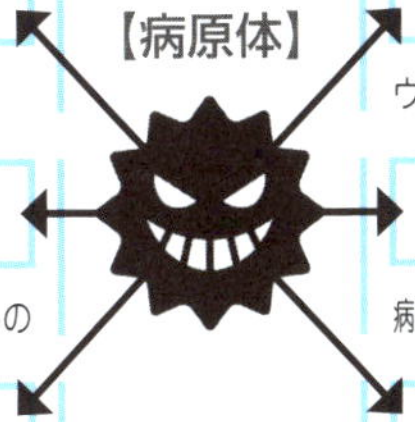

生ワクチン
病原体の毒性を弱めたもの

不活化ワクチン
病原体の毒素をなくし、感染力を失わせたもの

トキソイド
病原体がつくる毒素を取り出したもの

mRNA ワクチン
ウイルスのタンパク質をつくる遺伝情報の一部

ウイルスベクターワクチン
病原体の遺伝情報（設計図）を毒性のないウイルスに組み込んだ

組み換えタンパクワクチン
病原体のタンパク質からつくる

mRNA ワクチンのしくみ

mRNA ワクチンは、新型コロナウイルスのスパイクタンパク質の設計図になる mRNA（メッセンジャー RNA）を脂質の膜で包んだもの。mRNA が取り込まれると、細胞内でスパイクタンパク質がつくられ、免疫のしくみが働いて、ウイルスを攻撃する抗体をつくる（下図）。

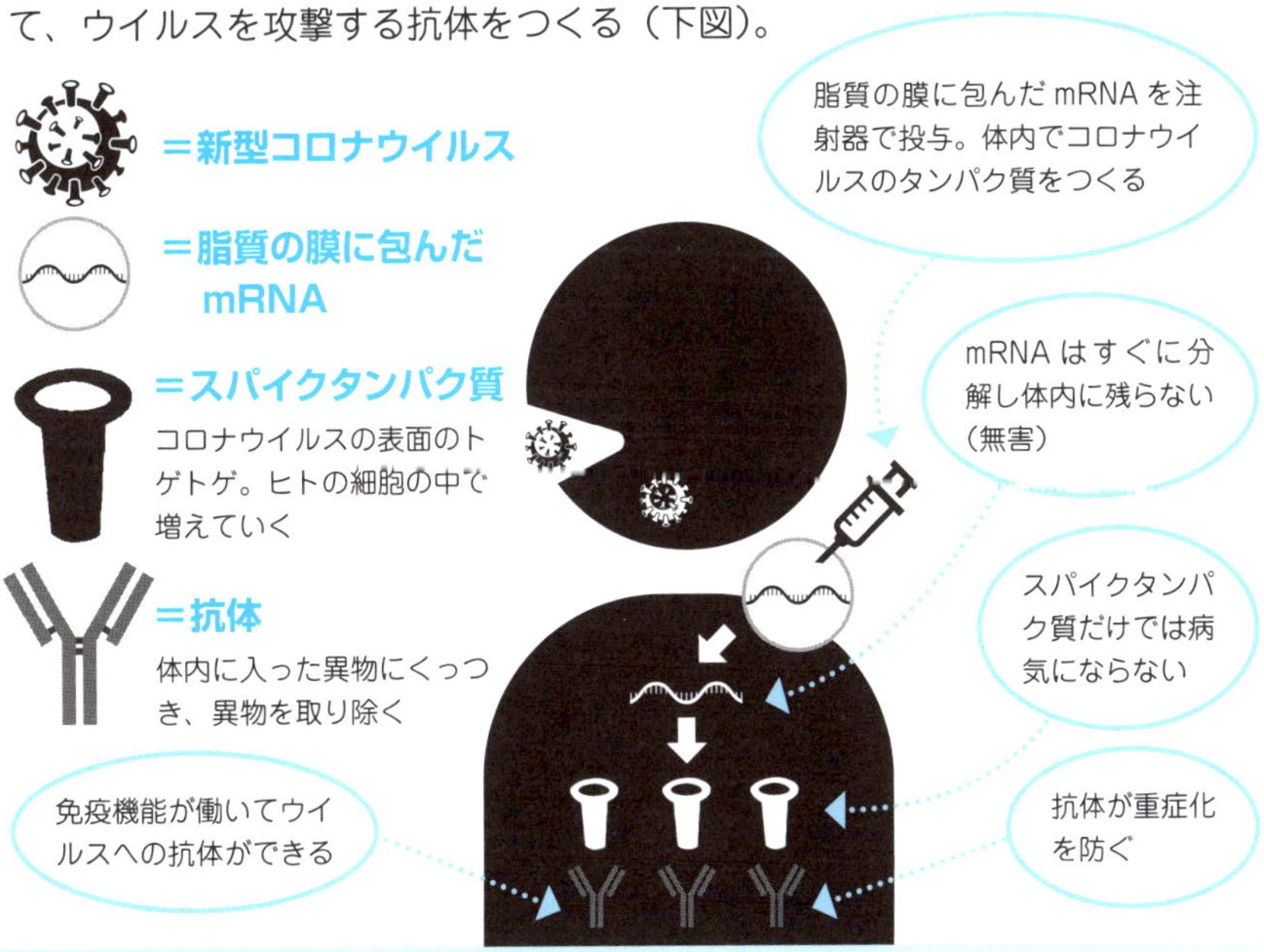

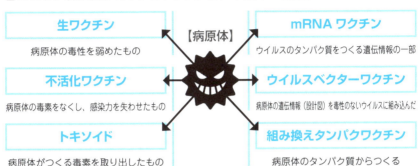

生まれてくる前に赤ちゃんの健康がわかる

母親の血液から赤ちゃんの染色体を調べる

生まれつき病気をもっている赤ちゃんは、全体の3~5%とされています。確率は低いのですが、生まれてからわかるよりも、妊娠中にわかっていたほうが、出産時や生まれてからの赤ちゃんの健康のために安心ということで、新型出生前診断、NIPT（non–invasive prenatal genetic testing）を希望するお母さんもみられるようです。

NIPTは、お母さんの血液から赤ちゃんのDNAを検査して、染色体の異常がないかどうかを調べるために開発された技術で、99%以上の精度の高さが注目されています。ただし、あくまで〝検査〟であって〝診断〟ではなく、万一、異常が見つかった場合は、あらためて精密検査で確定することになります。また、検査で陰性であっても、生まれてきたら症状がある場合もあります。（偽陰性）

NIPTで赤ちゃんの異常のすべてがわかるわけではありません。視覚・聴覚・発達障害などの機能的な異常や、小耳症・埋没耳など形態的な異常はわかりません。病気が見つかっても、治療ができない場合もあります。その場合、産むことをあきらめるケースも出てくる可能性があり、NIPTを受けるかどうかは、慎重に考えたいものです。日本ではまだ保険の対象ではなく、経済的な負担も少なくありません。

NIPTでこんなことがわかる

染色体異常の中で多いのはトリソミーと呼ばれる異常。本来2本の染色体が3本あるもので、ダウン症候群、エドワーズ症候群、パトゥ症候群がある。NIPT検査の主な目的は、これらの異常を前もって調べること。

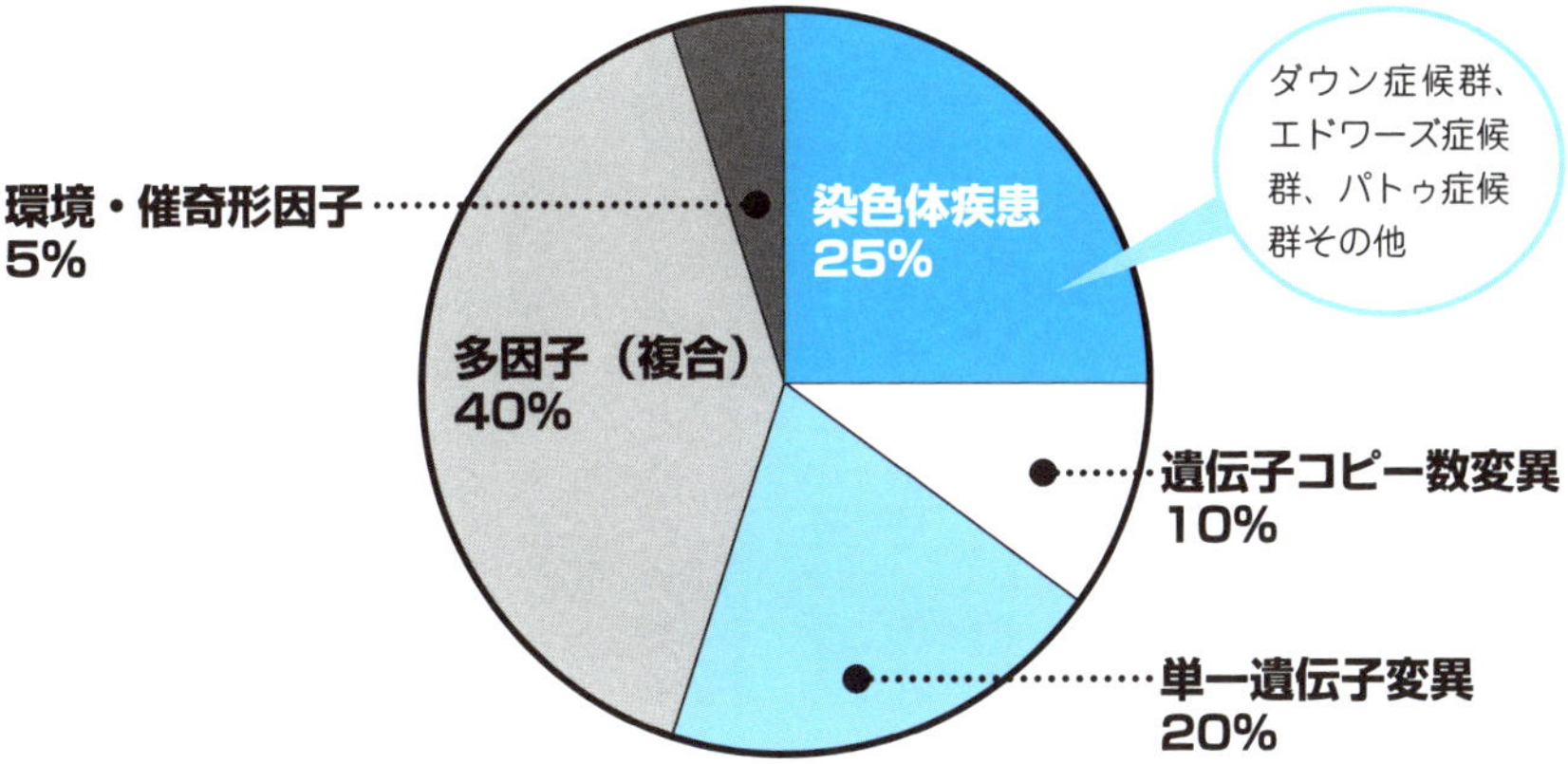

Thompson and Thompson Genetics in Medicine. 8th Edition 参照

出生前診断のメリット・デメリット

NIPTは、妊娠10週〜15週の間に受けることができる。採血だけでいいので、体への負担やリスクがほとんどなく、気軽に受けられるが、異常がわかったときの気持ちの負担、費用の負担も考えておくことが大事。

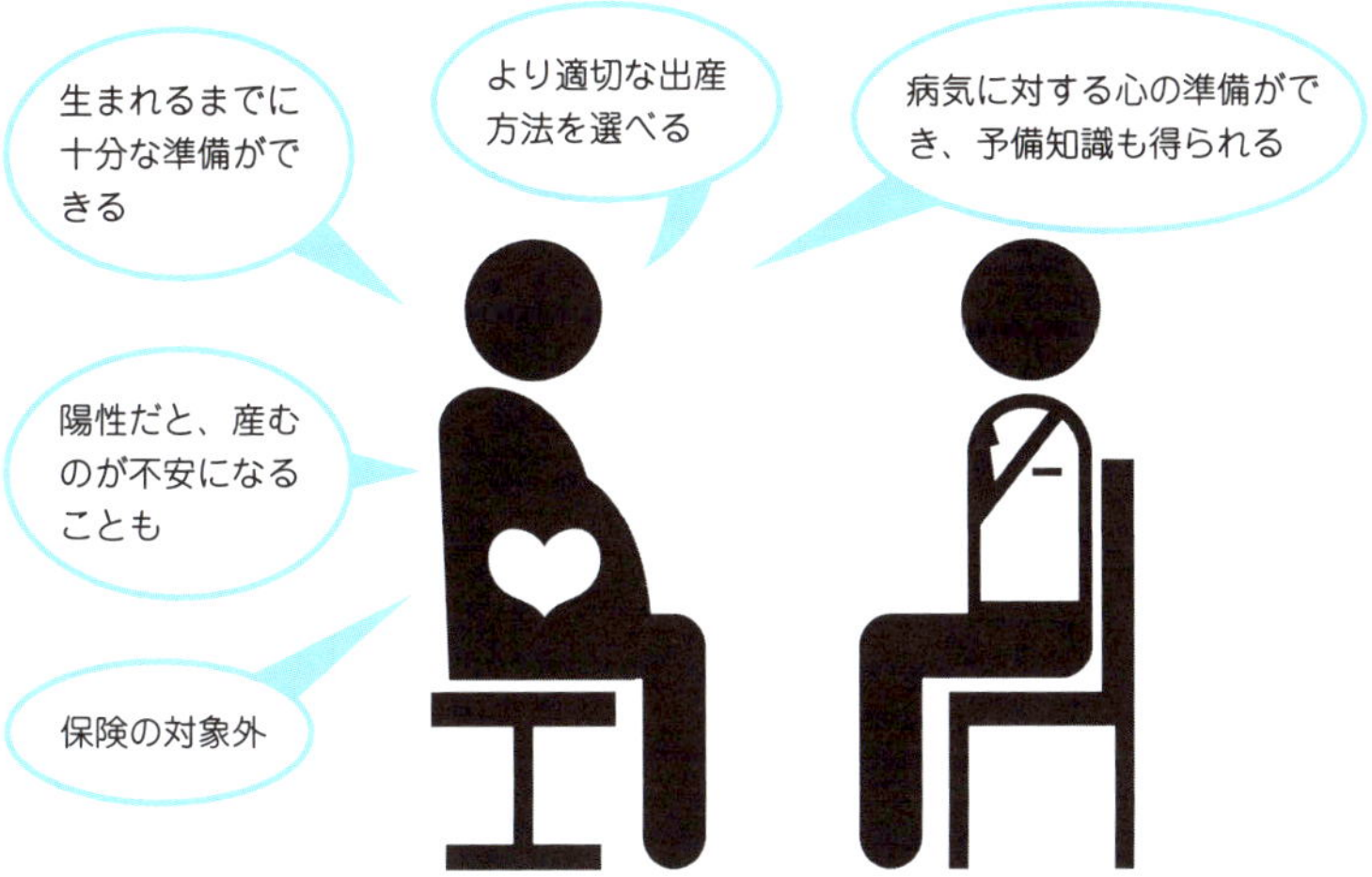

遺伝子を使った治療薬って何がすごい？

治療法がなかった疾患の救世主

遺伝子治療薬は遺伝子を主成分とする治療薬で、正常な遺伝子を患者に投与し、その遺伝子がつくり出すタンパク質の作用によって治療をします。とくに遺伝性疾患に効果があり、これまで対症療法しかなかった深刻な疾患を、根本から治すことができると期待されています。

よく知られる薬として、2019年にアメリカで承認され、日本でも2020年に保険適用となった「ゾルゲンスマ」（スイス・ノバルティス）があります。脊髄性筋萎縮症（SMA）の遺伝子治療薬で、SMA患者に変異がみられるSMN1遺伝子を主成分とします。SMAは筋肉の萎縮と筋力の低下をきたす遺伝性の難病で、10万人に1～2人の割合で発症するとされています。正常な機能を維持するのに必要なSMNタンパク質が十分につくられず、脊髄にある運動神経細胞が変化することが原因とされています。**ゾルゲンスマは、SMN1遺伝子を投与することでSMNタンパク質をつくり、神経や筋骨格の機能を改善します。**この遺伝子は、体内で長期間安定しているように設計されていて、1回の投与で長期に効果を発揮するといわれています。1億6700万円という価格が話題になりましたが、遺伝子治療薬時代の扉を大きく開けるきっかけになったことは確かでしょう。

遺伝子治療薬のしくみ

遺伝子治療薬は、タンパク質の設計図となる遺伝子を主成分とした薬。遺伝子をのせた運び屋であるベクター、または遺伝子を導入した細胞を患者の体内に投与。体内でタンパク質をつくらせて病気を治す。

遺伝子治療薬を直接投与

目的遺伝子を運び屋ベクターにのせて投与
腫瘍内・皮内・筋肉内・臓器内
動脈注射・静脈注射など

遺伝子導入細胞の投与

採血などで目的細胞を取り出し、培養・増幅して、運び屋ベクターで目的遺伝子導入
この遺伝子導入細胞を投与

遺伝子治療薬はまだ超高額

これまで治療法がないとされてきた遺伝性の視覚障害に対しても、遺伝子治療薬が登場。海外の実績では光の感度が100倍にもなったといい、1回の投与で長期間の効果が期待されている。だが、ゾルゲンスマ同様、不治の病を治すとはいえ、一般に普及する価格にはほど遠い。

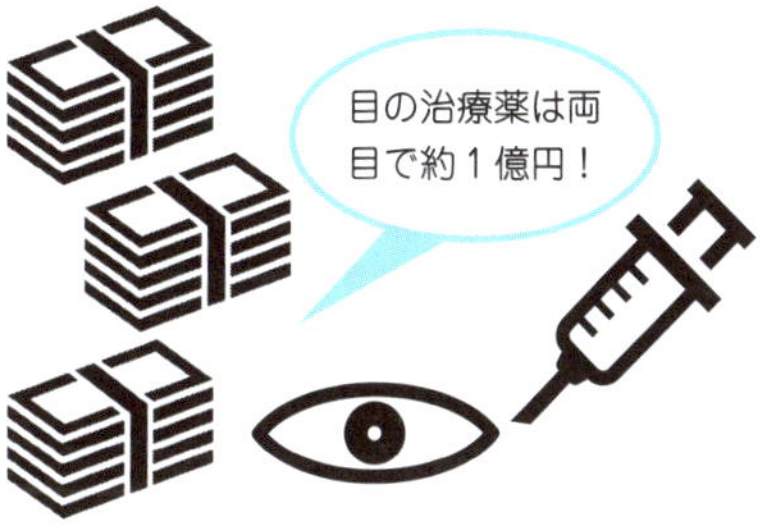
目の治療薬は両目で約1億円！

日本で遺伝子治療薬が承認されている疾患例

- 脊髄性筋萎縮症（SMA）
- 両アレル性 RPE65 変異
- 遺伝性網膜ジストロフィー
- 悪性神経膠腫《こうしゅ》
- 慢性動脈閉塞症（潰瘍《かいよう》の改善）
- 多発性骨髄腫
- 大細胞型 B 細胞リンパ腫
- 濾胞《ろほう》性リンパ腫
- B 細胞性急性リンパ芽球性白血病
- 急性リンパ性白血病（ALL）
- 悪性リンパ腫（DLBCL）

日本で遺伝子治療薬が検討されている疾患

- X 連鎖重症複合免疫不全症（X-SCID）
- アデノシンデアミナーゼ（ADA）欠損症
- 血友病
- パーキンソン病

ホオジロザメには〝細胞修復遺伝子〟、イモリには〝器官再生遺伝子〟がある

ヒトにはない驚異の遺伝子

ここまで遺伝子についての話をしてきましたが、自然界には驚くべき遺伝子をもった生物がいることをご存知でしょうか。それは、4億年以上も地球にすみ続けてきたサメのなかでも、群を抜く存在感のホオジロザメです。そのゲノム解析が行われ、遺伝子の実態が明らかになりました。サメが傷の治癒力や抗がん性にすぐれた能力をもつことは知られていましたが、ホオジロザメの調査によって、**遺伝的多様性を促進し、健康的でいることができる、トランスポゾンという遺伝子を多数もっている**ことがわかったのです。このために大きな傷を負っても細胞の修復機能が働いて、しばらくすると回復し、がんにおかされることが少なく、長年にわたって健康でいられます。

再生能力の面では、小さな体に脅威の能力をもつ、ウーパールーパー、イモリ、プラナリアが優れています。かれらは、脚やしっぽなど、どこを切っても切られても再生できます。目や心臓などの組織を失っても、再生できる能力をもっています。川や水辺にすむ1～3㎝の小さなプラナリアにいたっては、体を真っ二つに切っても、もとどおりになります。**ホオジロザメやプラナリアたちのヒトにはない能力は、ヒトの病気治療や健康長寿実現へのカギになる**として、遺伝子情報の応用が研究されています。

ホオジロザメのスーパー遺伝子

多くの生物は加齢に伴って DNA が傷つき、修復されないまま蓄積される。ホオジロサメは DNA を修復したり、環境の変化に適応するために必要な遺伝子をもっている。このスーパー遺伝子の情報がわかれば、ヒトもホオジロザメなみの健康長寿を手に入れられるかもしれない。

最大級のメスザメは、体長 4. 5ｍ 、重さ 2267kg
大ケガをしても数カ月後には回復！
ホオジロザメの染色体は 41 対、ゲノムはヒトの 1.5 倍！
寿命は約 75 年

不死身のイモリ！　驚くべき再生遺伝子

体のどこを失っても平気なイモリ。脚やしっぽの再生はよく知られているが、水晶体も再生でき、心臓を半分失っても再生するという報告も。この能力をヒトに応用できるか、そんな研究も進められている。

【脚やしっぽの再生】

切断された部分から再生芽ができる
↓
再生芽が伸びる
↓
もとのように再生する

【水晶体の再生】

切り取られた水晶体の上方の虹彩色素上皮が脱分化
↓
水晶体を再生する

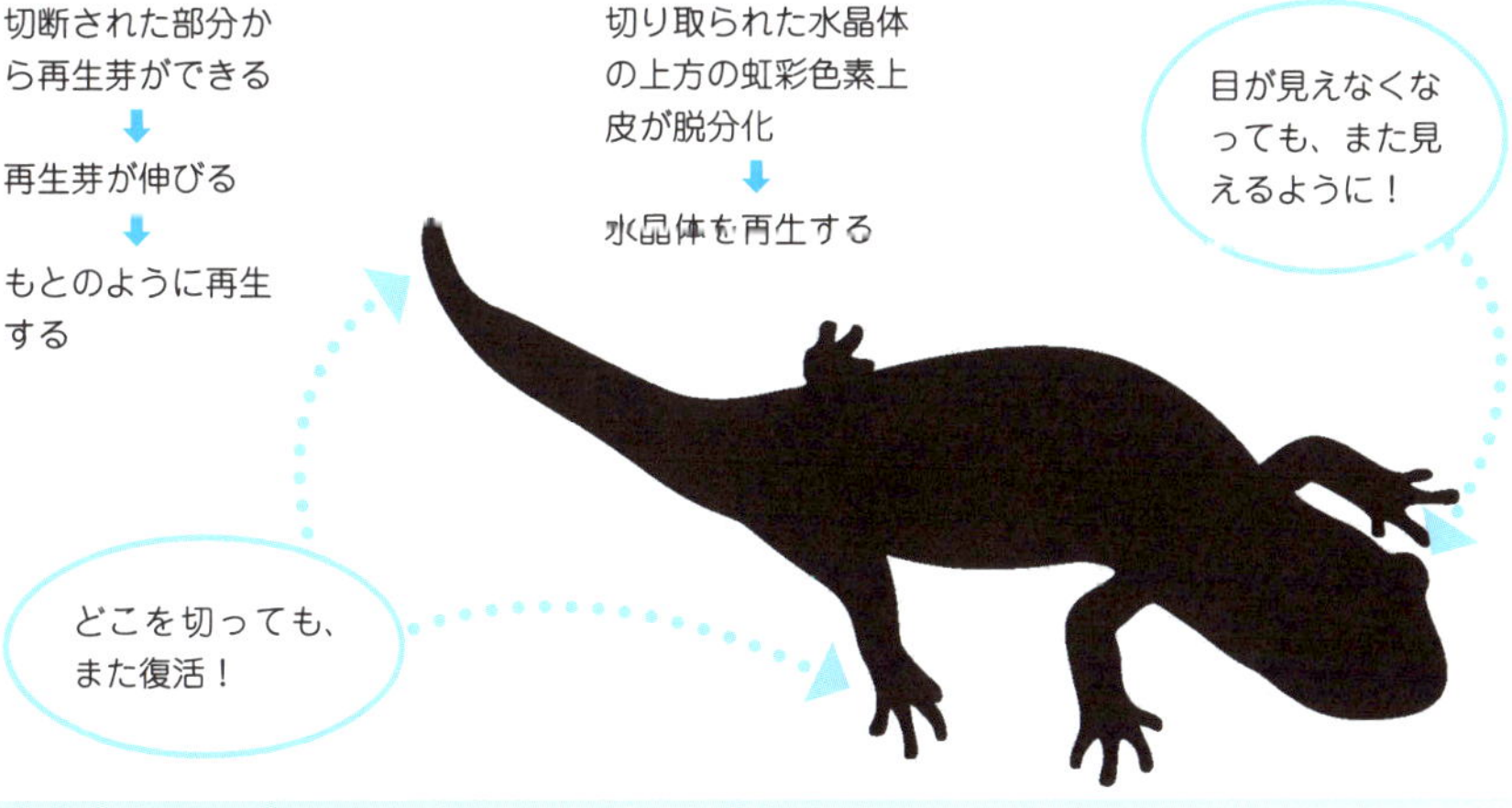
目が見えなくなっても、また見えるように！
どこを切っても、また復活！

遺伝子には使い分けのオン・オフをするスイッチがある

体を変え、人生を変えることも？

ＤＮＡの配列は、生まれる前の受精したときに固定されて一生変わらないものです。しかし、遺伝子の使い方は、後から変えられることがわかってきました。生命科学では、これを「エピジェネティクス（後成遺伝学：epi＝後からの、genetics＝遺伝学）の巻き戻し」と呼んでいます。**エピジェネティクスのオン・オフ、つまりＤＮＡのオン・オフをコントロールすることで、体質や能力、病気のかかりやすさなどを変えることができるということです。**

がんを例にすると、私たちはもともと、がんを抑える遺伝子をもっていて、通常はその働きでがんの発症が抑えられています。ところが、生活習慣や加齢などによってこの遺伝子の働きがオフになると、がんを発症することになります。このメカニズムに着目して、**がんを抑える遺伝子のスイッチをオンにするエピジェネティクス創薬の研究が進み、実際にがんの治療薬が次々に開発されつつあります。**

病気だけでなく、いろいろな遺伝子のスイッチのオン・オフによって、さまざまなことが変わる可能性があります。運動能力、学習能力、芸術の能力などの向上や、老化予防、体質改善への応用も考えられます。遺伝子のスイッチをコントロールすることによって、私たちの未来は大きく変わっていきそうです。

がんを抑える遺伝子がオフになるとがんに

がんを発症するのは、“がんを抑える遺伝子”が働かなくなったため。この遺伝子のスイッチをオンにすれば、がんを抑えることができるはず。いま、スイッチを切り替える働きをもつ薬（エピジェネティック薬）の開発が進められている。

遺伝子オン○・オフ×の例

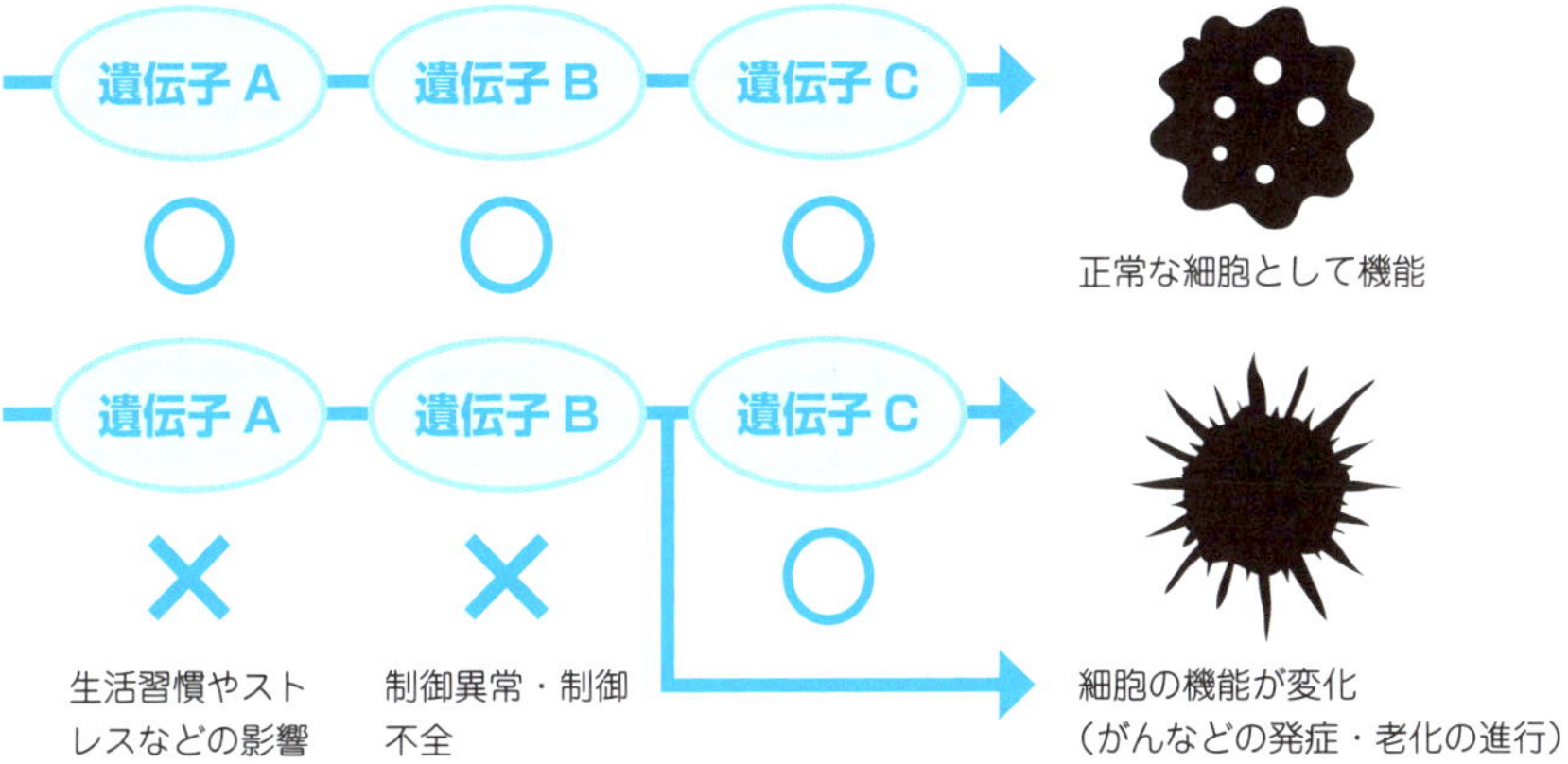

エピジェネティックな三毛ネコ

三毛ネコの毛色の茶と黒に関する遺伝子は、X染色体上にある。ネコのオス(XY)は、X染色体が一つなので、茶か黒のどちらかしかもてない。メス(XX)は、二つのX染色体の片方に茶、もう片方に黒の遺伝子があれば、一匹で両方の毛色がもてる。

人類の夢「若返り」が実現できる!?

iPS細胞で老化細胞を初期化

若返り。お化粧やファッションで若々しく見せることはできても、根本的な若返りはまず不可能。長くそう考えられてきましたが、生命科学は、この不可能も可能にしてくれそうです。

ここで登場するのが、あのiPS細胞の因子。2022年、イギリスのバブラハム研究所のグループが、**ヒトの皮膚細胞にiPS細胞にも使われる山中因子を誘導することで、30歳ほど皮膚細胞を若返らせることに成功**しました。ベストセラー『LIFESPAN 老いなき世界』の著者、デビッド・A・シンクレア教授のグループも、山中因子の3つの遺伝子の誘導で、高齢マウスの視力回復を実現しています。

さらにアメリカとスペインの研究グループの実験では、**4つの遺伝子の誘導で、早老症マウスの腎臓、肝臓、脾臓の機能が回復。寿命が大幅に延びたことが報告されています。**そして、iPS細胞を発見した、当の山中伸弥教授もすでに2021年、iPS細胞の技術を使った「若返り」の研究に力を入れることを発表し、研究機関と企業との連携による実用化を推進しています。

実験の多くはまだ動物段階なので、ヒトへの実用化は少し先のことになるでしょう。iPS細胞の状態によっては奇形腫発生の可能性もあるので、慎重な応用が必要です。

iPS 細胞による若返りのひみつ

化粧品メーカー・コーセーと山中伸弥教授の研究チームによる共同研究で、iPS 細胞の若返り機能を実証。染色体の末端にあるテロメアの長さによって、iPS 細胞は、体細胞の年齢にかかわらず、正常に機能することがわかった。

同一人物によるテロメアの実験

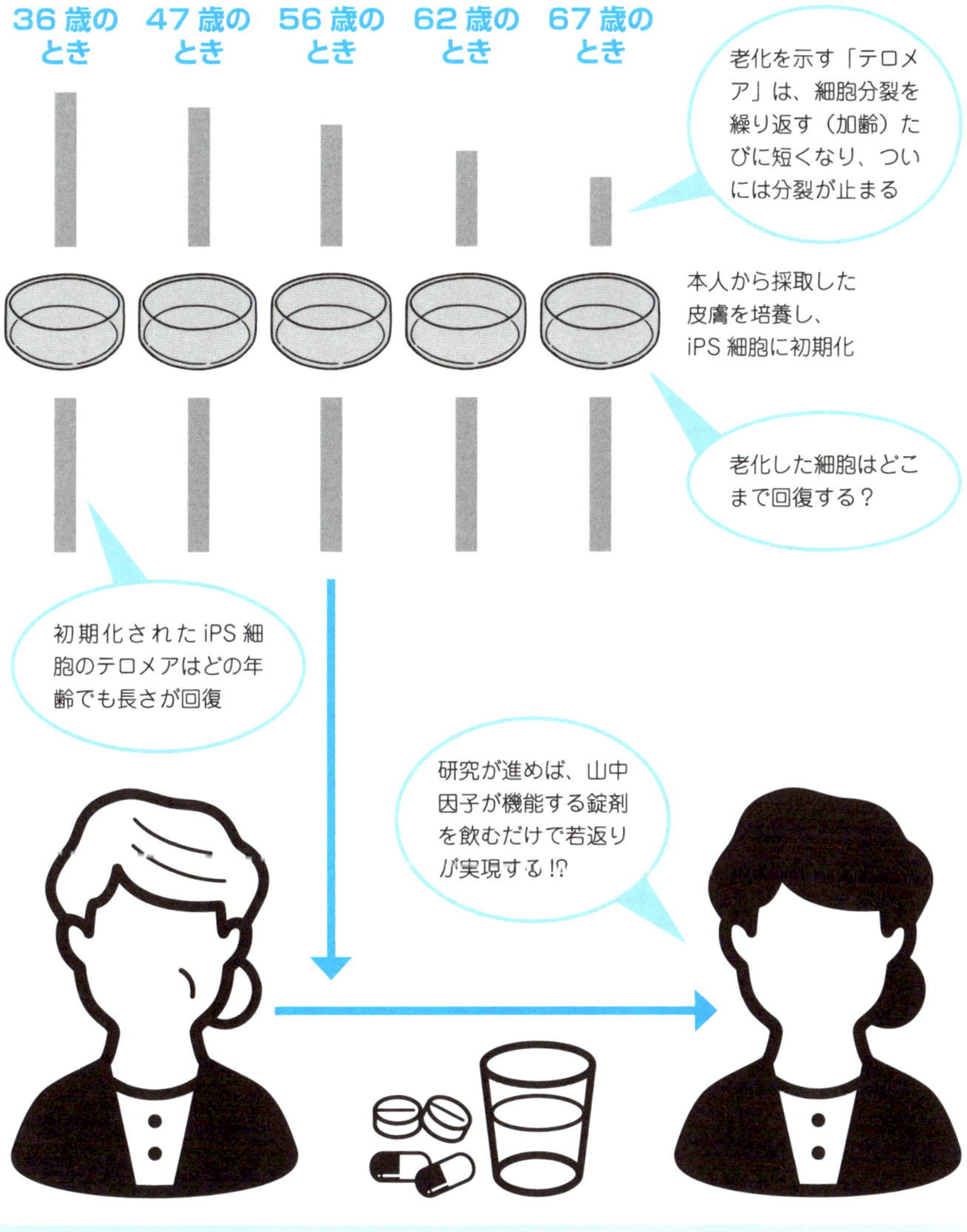
36 歳のとき
47 歳のとき
56 歳のとき
62 歳のとき
67 歳のとき
老化を示す「テロメア」は、細胞分裂を繰り返す（加齢）たびに短くなり、ついには分裂が止まる
本人から採取した皮膚を培養し、iPS 細胞に初期化
老化した細胞はどこまで回復する？
初期化された iPS 細胞のテロメアはどの年齢でも長さが回復
研究が進めば、山中因子が機能する錠剤を飲むだけで若返りが実現する!?

骨格強化や長時間潜水、学習能力向上などの〝超人遺伝子〟がある

超人的能力に伴うデメリットも

病気にかかることがなく、ケガもしない体。記憶力も理解力も抜群で、受験勉強もまったく苦にならない頭脳。いつまでも若く、何があっても落ち込まない明るい性格……。

そんなヒト、いるわけがないでしょう？と思いますが、驚くことに実際には、骨が超強固な突然変異体（ミュータント）のヒトがいます。コレステロール値が異常に低いヒト、燃えている火にさわっても熱さを感じないヒト、ガラスの破片の上を歩いても痛みを感じないヒトさえいるのです。

いずれも遺伝子の突然変異によって生まれたヒトたちで、**かれらの遺伝子異常を新薬に応用できないかという研究が進められ、骨粗しょう症薬やコレステロール低下剤など、すでに承認されている薬もあります。**

ただ、ミュータントたちは、傷を負ってもやけどをしても気づかず、治さないまま重症化する危険があります。骨硬化症のヒトは、手足が切断される恐れはありませんが、骨の発達が止まらないので脳が圧迫され、そのための手術で聴覚を失った例もあります。

「超人遺伝子」として、超人になれる可能性のある「遺伝子リスト」が登場しましたが、こうした弊害やまだ知られていない副作用についても、十分な注意が必要です。

ゲノム編集で強化される超人遺伝子

ハーバード大学の遺伝学者ジョージ・チャーチ氏は、超人になれる可能性のある「遺伝子リスト」を作成。これをもとにゲノム編集を行えば、寿命を延ばしたり、超人的な能力をもつことも可能になるはずだが、副作用など不明点も多い。

【超人遺伝子リスト】

遺伝子名	利点	副作用
LRP5 遺伝子	骨密度・骨格の増加と強化	水中における浮力の低下
SCN9A 遺伝子	痛みへの無感覚化	なんらかの害
PDE10A 遺伝子	長時間潜水	不明
BHLHE41=DEC2 遺伝子	必要睡眠時間の短縮・調節	不明
CTNNB1 遺伝子	放射能への耐性	不明
TERT 遺伝子	エイジングの減退	不明
GRIN2B 遺伝子	学習能力・記憶力の向上	不明
PDE4B 遺伝子	不安症・緊張症の緩和、問題解決能力の向上	不明

こんな超人になれる!?

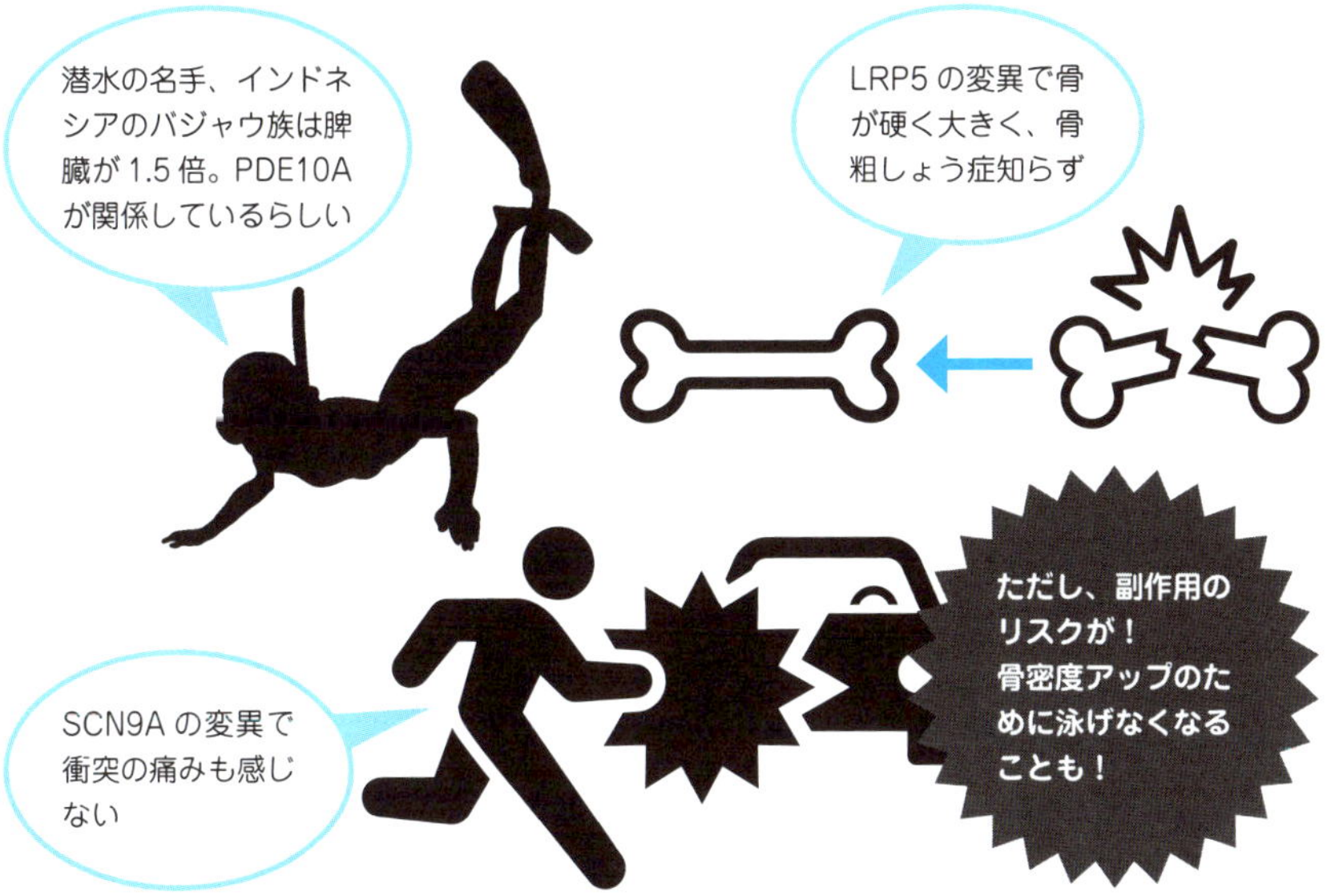

クローン人間って実際につくれるの？

ヒトへの応用は倫理面の問題あり

1996年、イギリスでのクローン羊、ドリーの誕生は大きな話題になりました。ほ乳類でクローンに成功したということで、ヒトへの応用の期待も高まりました。しかし、優秀なヒトのクローンをつくることは優生思想につながりかねないうえ、安全面の不安もあり、各国は即座にクローン技術をヒトに用いることを禁止しました。ドリーは6歳半で肺疾患にかかり、安楽死を迎えたことから、クローンは短命ではないかと疑われました。しかし、ドリーの一卵性クローン姉妹が健康長寿だったことから、短命説は一応否定されました。

クローン人間をつくることは、理論上は可能ですが、ヒトへの応用は安全面や倫理面の問題があります。子どもができない夫婦は、どちらかの体細胞を使って子どもをつくることができるかもしれませんが、**クローン技術によって生まれてくる子どもが無事に成長できるかどうか、まだわかっていないことがたくさんあります。**また、男女両性に関係なく子どもをつくることがいいのかどうか、難しい問題です。

ドリー以後、クローン技術は、食糧の安定供給を目的に家畜の増産に活用されたり、医薬品の製造や移植用の臓器作製への応用の研究も進んでいます。クローン技術の応用をどこまでとするか、各界での議論が求められます。

クローンのつくり方

ほ乳類のクローンは、受精後発生初期の細胞を使う方法（受精卵クローン）と、成体の体細胞を使う方法（体細胞クローン）がある。

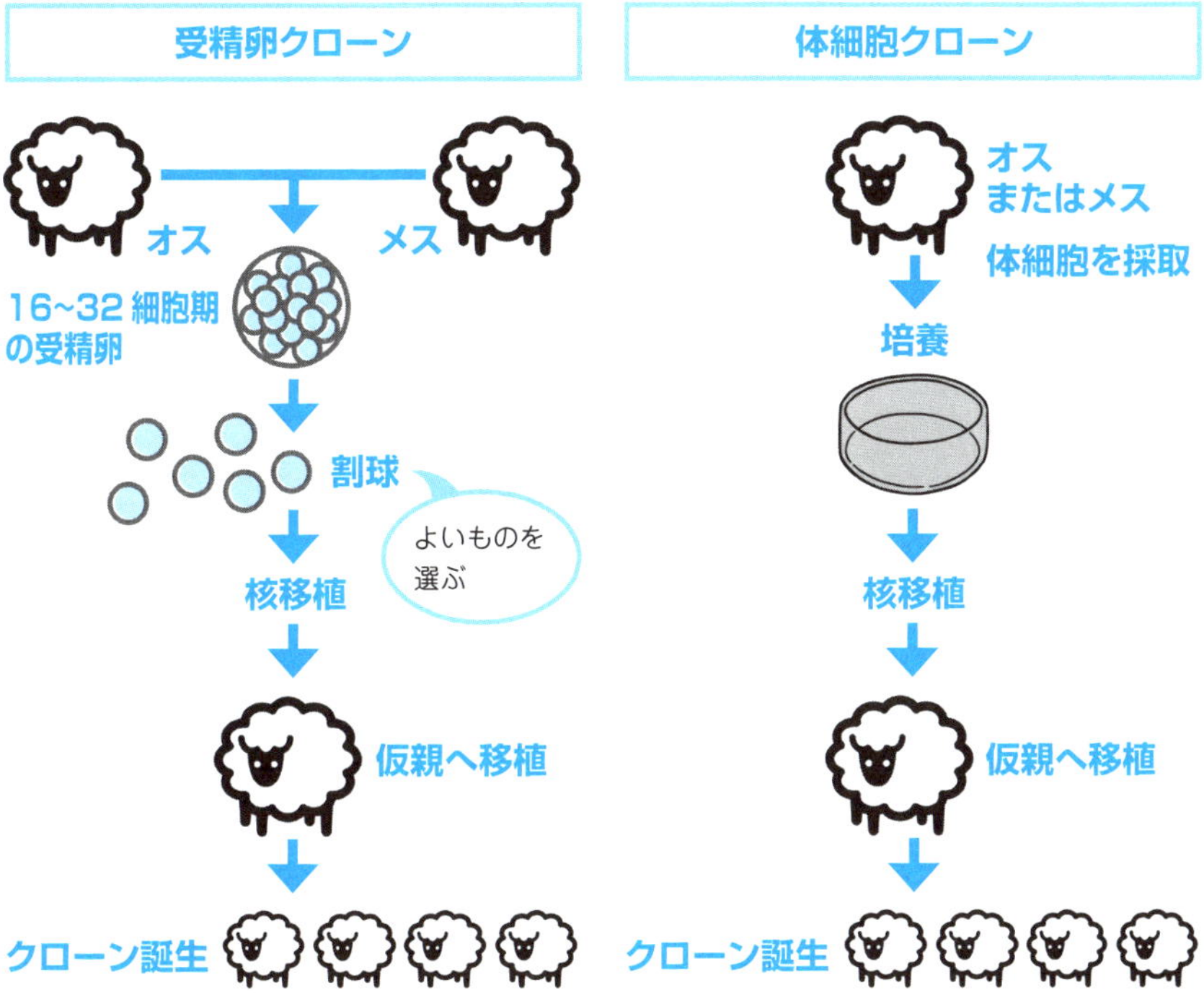

クローン人間の問題点

自分とは違う

自分のクローンがつくられたとしても、別人のように感じる。胎児のときにどの遺伝子を有効にし、無効にしたのか、どんな環境で過ごしたかに影響され、違いが生じる。

病気になりやすい

健康上の問題をもつ可能性がある。これまでクローン化された動物は、脳や心臓、肝臓、また免疫系の問題があった。

自分と同じ経験が必要

自分とまったく同じクローンをつくるには、自分と同じ人生を経験させなければならない。

キメラの研究はなぜ行われている？

再生医療に役立つキメラ

キメラとは、複数の異なった遺伝子をもつ細胞が体内に入っている、1個の生物のこと。ギリシア神話に登場する、ライオンの頭とヘビのしっぽをもつキマイラという動物の名前にちなんで名づけられました。神話の世界では架空動物ですが、生命科学の世界では、実際にキメラをつくることができます。たとえば、マウスからiPS細胞をつくってラットの受精卵に注入し、これをラットの子宮に戻すと、マウスとラットの細胞をもつキメラが誕生するのです。

そして現在、**キメラの技術を再生医療に応用しようという研究が各国で行われ、いろいろな成果が上がっています。日本でも、マウスからiPS細胞をつくり、膵臓だけがないラットをつくって、このラットにiPS細胞を入れる実験が行われました。**膵臓だけがマウスの細胞由来という、ラットとマウスのキメラができ、その膵臓を糖尿病のマウスに移植。拒絶反応もなく正常に機能し、治療の成功が報告されています。

2019年にクローン技術規制法が改正され、日本でも動物にヒトの細胞を入れて子宮に戻し、その動物を産ませてもいいことになりました。キメラの技術を病気のメカニズムの解明、創薬、移植用の臓器不足解消に役立てようという動きは、ますます活発になっていくでしょう。

キメラブタがドナーの代わりになる

これまでの臓器移植は、移植時の拒絶反応が問題になっていたが、キメラによる移植は患者本人の iPS 細胞を使うので、患者由来の臓器ができる。したがって拒絶反応は起きにくいと予想され、今後の研究に期待が高まっている。

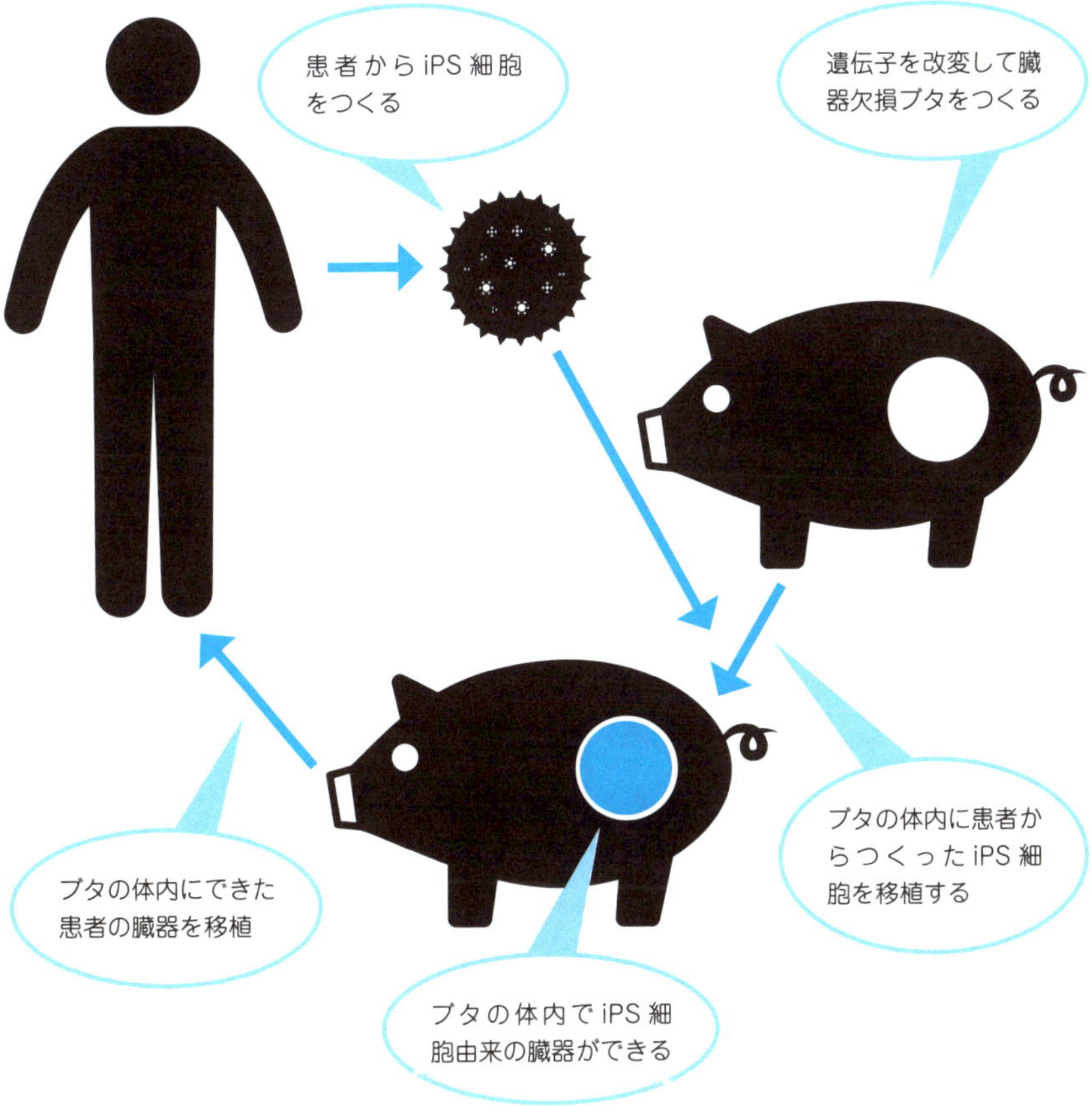

なぜ、ブタなのか？

ブタがヒトとのキメラに選ばれる理由は、臓器の大きさがヒトと同じくらいであること。また、成長スピードが早いので、確保しやすいことです。ブタには申しわけない話ですが、日ごろヒトの食用にしているので、屠殺への抵抗感が少ないということもあります。

生命科学の研究方法は データ分析の新常識にもなっている

スーパーコンピュータの活用

ヒト1人のゲノムのＤＮＡ塩基は60億個と膨大ですが、解読装置「次世代シークエンサー」で一度に読み取ることができ、塩基の並びをすべて知ることができました。でも、塩基配列のデータだけでは、どこにどの遺伝子があるのかはわかりません。さらにいろいろな角度から解析する必要があり、ここで威力を発揮するのが、「スーパーコンピュータ」。シークエンサーで読み取った情報を瞬時に処理し、大量解読を可能にしました。**生命科学の研究はいまや、コンピュータを活用する「バイオインフォマティクス」が主役です。**

データの解析法も重要で、ＧＷＡＳ（ゲノムワイド関連解析）の手法がよく使われてきました。特定の病気にかかっている集団と、かかっていない集団とでみられる遺伝子情報の差を比べ、スニップを探して病気に関連する遺伝子を突き止めます。ゲノム全体のスニップを同時に調べるので、目的以外の複数のリスクもわかり、予防や投薬の効果なども予測できます。また、**経験や勘に頼らず、データにもとづいた仮説を立てる「データドリブン」の方法も不可欠です。**これによって研究の視野が広がり、病気にかかわる新たな遺伝子を発見することも可能です。こうした生命科学の方法はいま、さまざまな分野のデータ分析にも応用されています。

生命科学的分析とは

何千人、何万人のゲノム情報を丸ごと集め、コンピュータでしらみつぶしに調べて遺伝子の違いを探し出し、特定の病気や体質の特徴に関連する遺伝子を探し当てる。

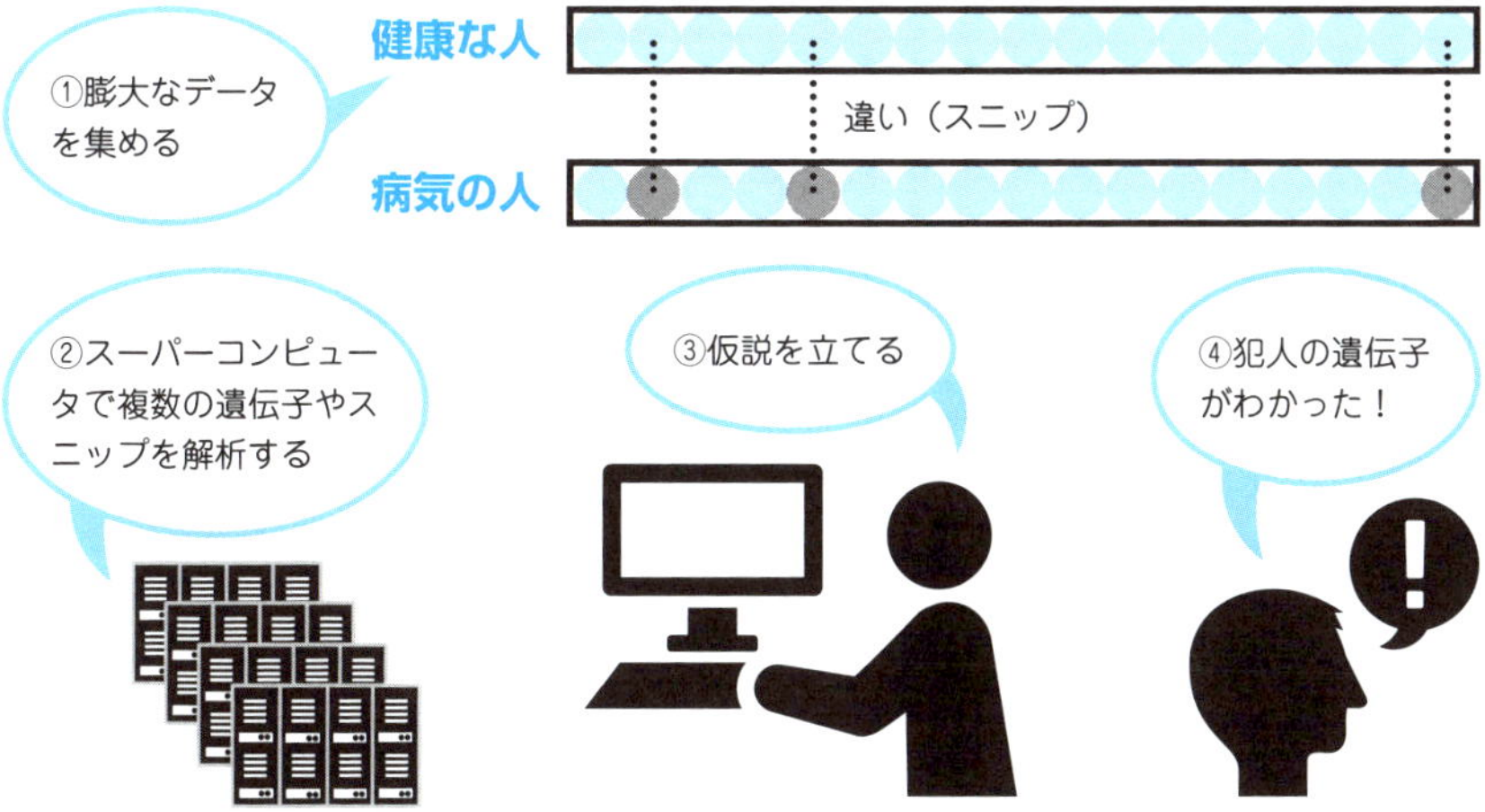

インターネット・コホート
Why, When, What, Where, How

病気や生活習慣などについて、何十年もの長期にわたって追跡調査する「コホート研究」。目的は、病気の要因が何かを知ることです。これまでの調査では、膨大な時間と費用がかかりましたが、これからは、「インターネット・コホート」がとって代わり、ダイナミックな研究が展開されそうです。

「コホート研究」の目的＝Why

研究の基本要素
- データ取得の時間軸（When）……いつ取得できるか
- 取得データの内容（What）………何を取得できるか
- 取得データの対象（Where）……どこで取得できるか
- 取得データの解析（How）……どうやって解析するか

↓

インターネット活用→ When, What, Where, How の制限から解放され、精度の高い Why の回答が得られる

↓

調査の選択肢が広がる。研究の自由度が高まる

COLUMN 4

ヒトとサルのキメラが成功したって本当?

2021年、アメリカのソーク研究所と中国の昆明理工大学の共同研究チームが、ヒトとサルのキメラ胚を作製したという発表は、世界を震撼させました。**カニクイザルの受精卵を培養し、そこにヒトのiPS細胞を注入してキメラ胚を作製するというもので、まさにヒトとサルのキメラに成功した**のです。もっともまだ培養皿での研究で、キメラ胚を子宮に戻したり子どもを誕生させることはせず、倫理的なリスクを避けるために、キメラ胚は受精19日後に破壊されました。

ヒトと動物のキメラの作製はすでに、臓器移植などの利用のために進められています。ヒトに近い霊長類のサルを使えば、ヒトの病気の再現がもっと正確になり、キメラをつくるための障碍をよりよく知ることができるという見方があります。でも、一歩間違えば、サルとの交配でヒトを誕生させることになりかねません。ヒトなのかサルなのかという「種」の境界がなくなり、ヒトの細胞をもたされるサルの側の問題も生じます。理論的には可能なことだけに、どこで歯止めをするか、倫理的な議論が早急に求められています。

成長した胚にはヒト細胞が多く残っていた!

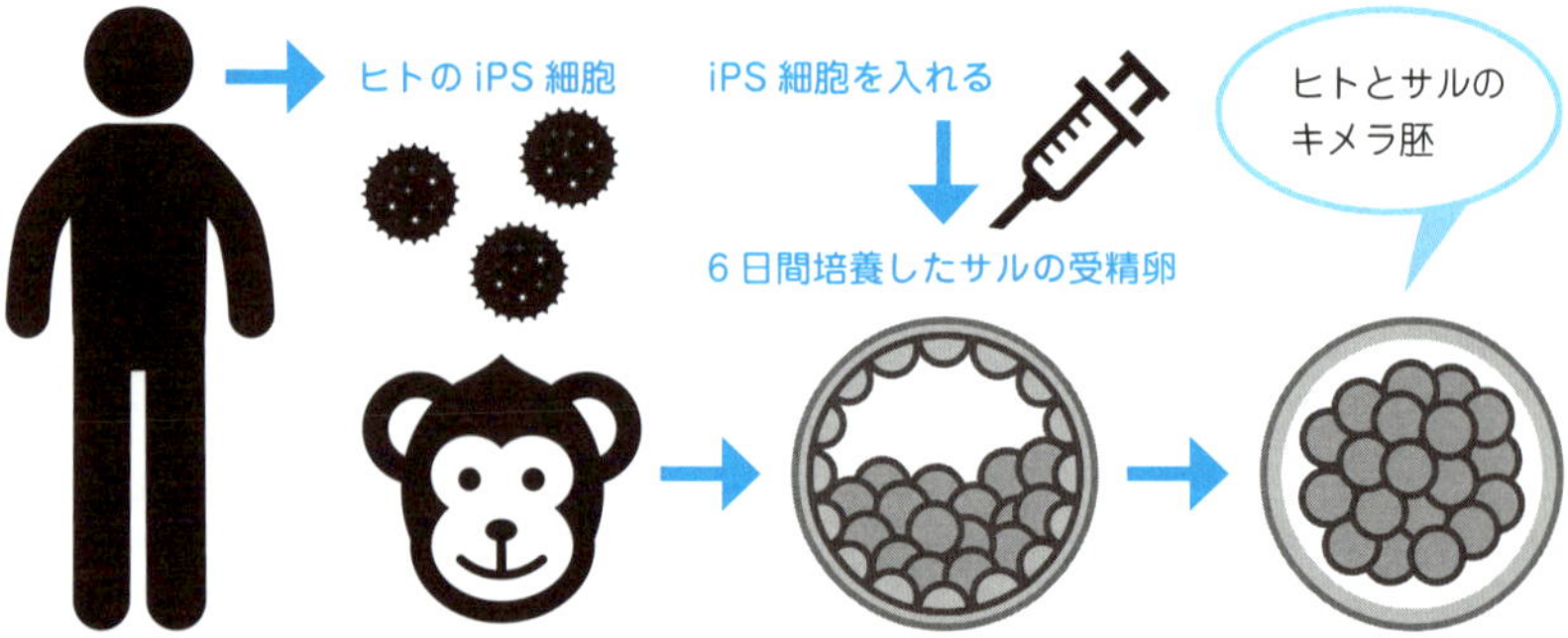

第3章

人間の体も生命科学で説明できる

遺伝子の存在はエンドウ豆から見つかった

「遺伝子」を予言した「メンデルの法則」

「メンデルの法則」で知られるヨハン・メンデルは、オーストリア・ハンガリー帝国（現在のチェコ共和国）の聖トーマス大修道院で、修道士をつとめながら、品種改良の研究を行いました。ナップ修道院長が掲げる**「効率的な品種改良のために生物の遺伝法則を発見する」**ことを目標に、特徴が違う2種類のエンドウ豆をかけ合わせて雑種をつくり、それぞれの特徴が子孫にどのように伝わるのかを調査。1865年に、8年間に及んだ交配実験の結果を発表しました。

　メンデルは調査する対象を厳選し、確率論や順列組み合わせ理論などの手法で、多数のサンプルを体系的に解析。当時の新説、〝すべての細胞は細胞から生まれる〟というマティアス・ヤーコプ・シュライデンの細胞説も取り入れ、**〝植物の形質とそれをもたらす因子は別のもの〟〝交配によって因子の性質は変化しない〟〝生殖細胞（花粉や卵子）では、因子について通常の細胞とは違う状態になる〟**という考えを導き出します。

　この「因子」の考え方は、のちの「遺伝子の発見」につながっていきます。当時、この理論は認められませんでしたが、1900年にほかの遺伝子学者たちによって「遺伝の法則」が発見され、承認されるようになりました。

メンデルが行ったエンドウ豆の交配実験

7種の形質が安定して現れる22種のエンドウ豆を、自家受粉を繰り返して育成。親と同じになる純系をつくりあげて交配を繰り返し、違った形質で、それぞれ同じ現象が起こる三つの法則を見い出した。

【優性の法則】

子世代F1（1代目）では、親世代の対立する形質のうち、一方の優性な形質だけがすべての個体に現れる（右図の例では黄色が優性）。

【分離の法則】

F1どうしの自家受粉では、F1では消えていた劣性の形質（緑色）が3対1、つまり1/4の割合で、F2（2代目）に再び現れた。このことから、劣性の形質を生み出す何かがF1の中に残っていたことがわかった。

【独立の法則】

F1に受け継がれる形質は、7種の形質がそれぞれ独立して受け継がれる。たとえば、1と2の優性（丸と黄色）と1と2の劣性（シワと緑色）のF1は、すべて丸く黄色になる。F2では、優性：劣性＝3：1だが、優性の丸と優性の黄色は独立して現れ、丸いエンドウにも黄色と緑色が3：1の割合でできる。つまり、F2のエンドウは、丸と黄色：丸とシワ：丸と緑色：シワと緑色＝9:3:3：1の割合になる。

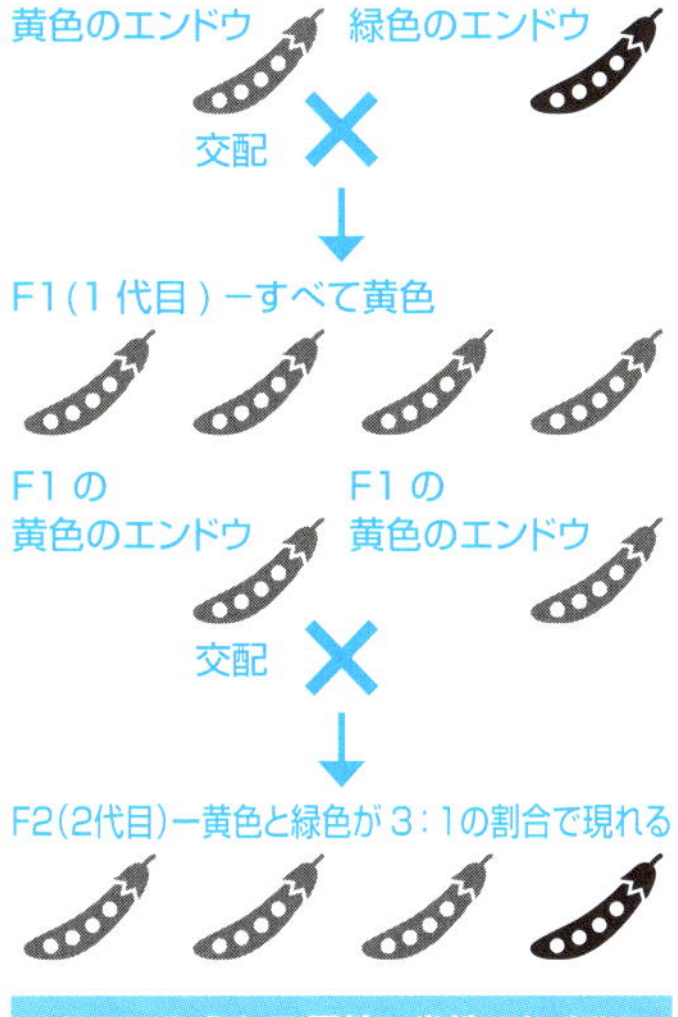

7種の形質

1………種子の形
2………種子の色
3………さやの形
4………さやの色
5………種皮の色
6……花のつき方
7……草丈の高さ

F2にみられる優性・劣性のしくみ

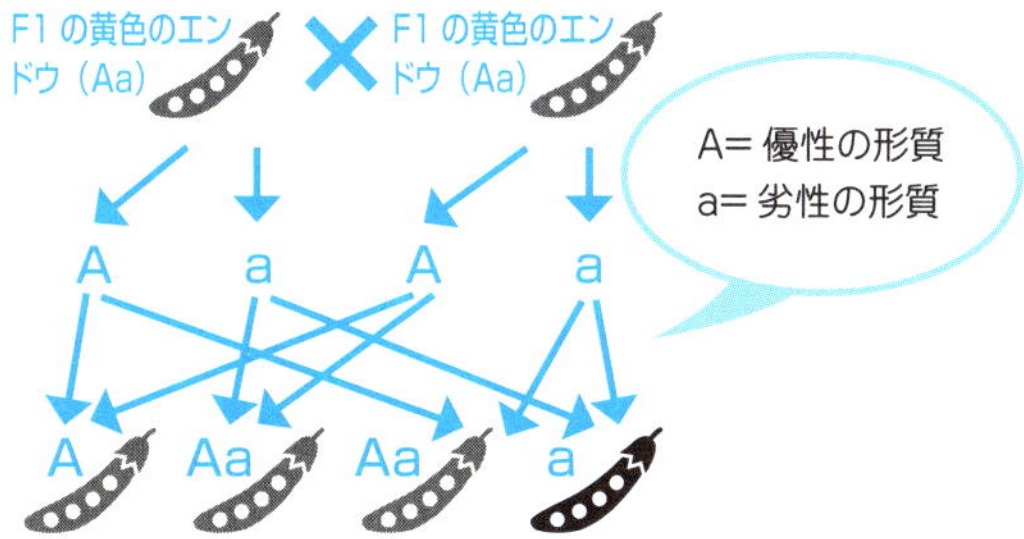

革新的な「メンデルの法則」

メンデルが発見した法則は、ヒトにも当てはまる。多数の実験サンプルによって分離比を実証できれば、それにもとづいて遺伝のしくみを考えることができる。

独立の法則の例外「不完全優性」

独立の法則は、すべてに当てはまるとはかぎらない。対立する形質のどちらの因子も優性の場合がある。

↓

どちらの形質も受け継ぐ「中間雑種」ができる。

DNA＝生物の体の設計図

生命を考えるうえで不可欠なゲノム

DNAとは、デオキシリボ核酸という物質の略称で、生物の形や性質などの遺伝子情報を伝える遺伝子の本体です。DNAは、私たちの体の細胞の核にある染色体の中に小さく折りたたまれていて、**4つの塩基（A―アデニン、T―チミン、G―グアニン、C―シトシン）が長く連なった状態で構成されています。この塩基の配列が遺伝子情報＝体の設計図になります**（P.17参照）。私たちの生命活動を支えるタンパク質も、DNAの塩基配列の情報がRNA（リボ核酸）に伝えられ、RNAのさまざまな働きによってつくられます。

生物は、細胞が分裂して増えることで成長したり、体をつくりかえていきます。細胞が分裂するときは、それに先立ってDNAが2つにコピーされ、それぞれが増えた新しい細胞に入ります。コピーしなければならない文字「塩基ATGC」は約30億もあり、100億分の1というきわめて低い確率ですが、コピーミスが起こります。生物はもともとコピーミスを修正したり、ミスを含む細胞を壊したりする機能をもっているので、通常は問題がありません。しかし、なにかの理由でこの機能が働かなくなると、コピーミスによってできた異常な細胞が増えなくてもいいところで増え続け、結果、がんを発症することになります。

膨大な遺伝情報をもつ DNA

ヒトの体は約37兆個の細胞でできていて、細胞の中の核には23対（46本）の染色体が入っている。DNAは、この染色体の中に小さく折りたたまれていて、DNAの中には30億対の塩基（A－アデニン、T－チミン、G－グアニン、C－シトシン）が並び、膨大な遺伝情報をもっている。

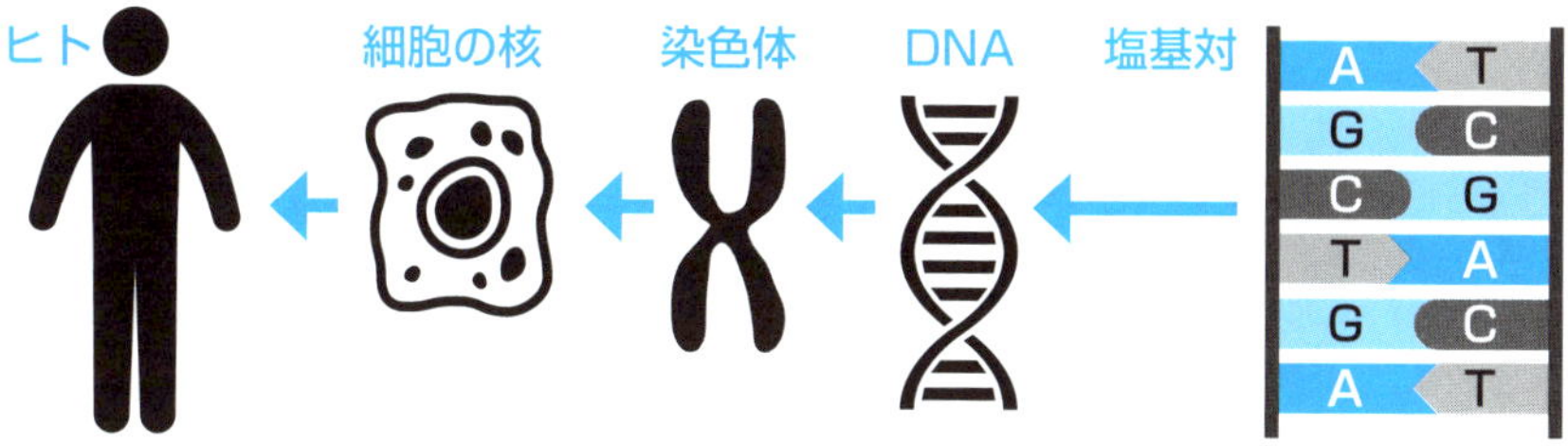

コピーミスが起きて増殖するとがんになる

DNAのコピーミスが起きると、通常は修復されるが、なんらかの理由で修復機能が働かなくなると異常な細胞が生き残り、この細胞がコピーを繰り返して増大し、がんになる。

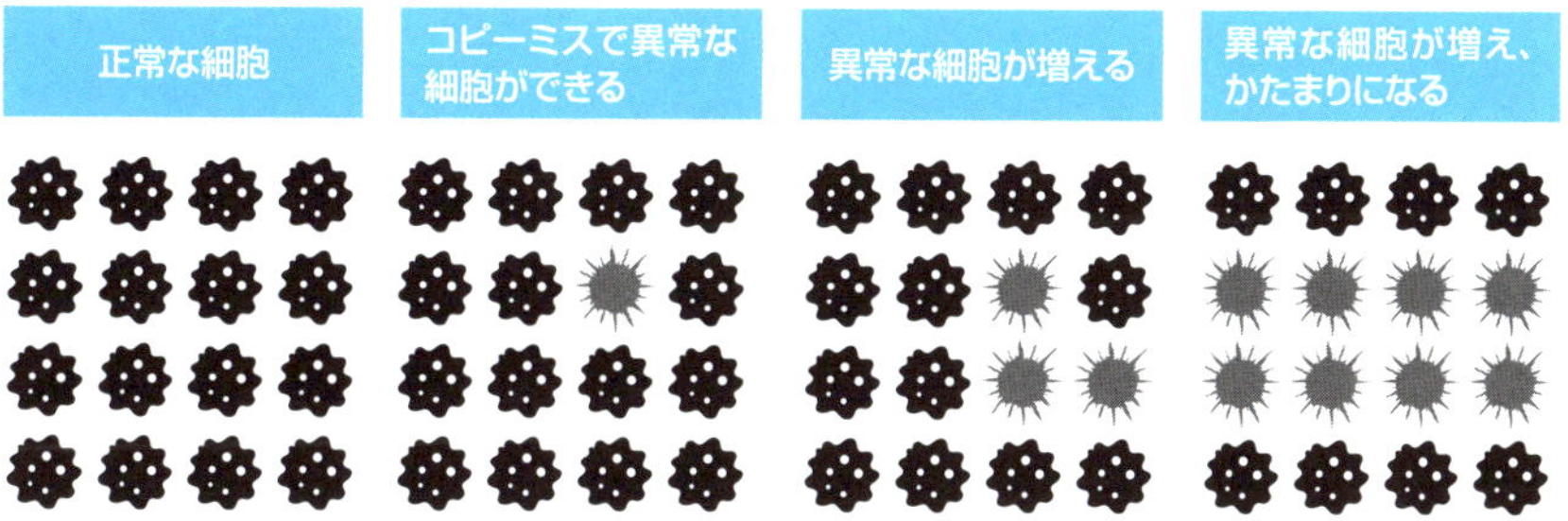

コピーミスはプラスの面もある

ホタルが光るのは、進化の過程でほかの遺伝子がコピーミスにより何度も重複を起こし、発光する機能をもったため。コピーミスは、生き延びるために生じることもある。地球上に無数の生物が存在しているのも、DNAのコピーミスによる変異が起こり続けてきた結果。

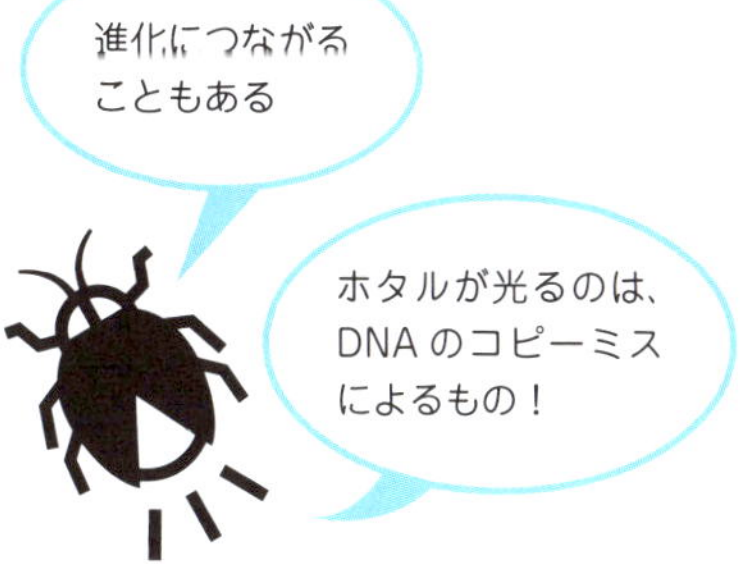

DNAのあの二重らせん構造は完璧な形!?

塩基対の結合で二重らせんに

20世紀の生命科学最大の発見ともいわれる「DNAの二重らせん構造」は、1953年、ジェームズ・ワトソンとフランシス・クリックによって報告されました。当時、DNAが遺伝子にかかわっていることはすでにわかっていましたが、遺伝情報をどのように処理しているのかは不明でした。**二重らせん構造が発見されたことによって、遺伝がDNAの複製によって起こることや、塩基配列が遺伝子情報になっていることなどが説明できるようになりました。**

DNAは、リン酸、糖、塩基が結合した2本のポリヌクレオチド鎖が対になったものです。

塩基は、A(アデニン)・T(チミン)・G(グアニン)・C(シトシン)の4つ。AとTが対になって2箇所で、GとCが対になって3箇所で水素結合によって結ばれ、結合部分でつながって、二重らせん構造をとります。らせんは基本的に右巻きで、2本の鎖はお互いに逆方向を向き、10塩基対で1回転するかたちになっています。**この構造によるDNAの情報密度の高さは、現代のメディアなどと比較しても桁違いのレベルで、これに着目したDNAデータストレージ技術が開発されているほどです。**

DNAストレージができると、最新のメディアの10万個以上にも相当する容量を、百倍も長く保存できるといわれています。

DNAの二重らせん構造

DNAは、糖とリン酸が結合したヌクレオチドがたくさんつながった、ポリヌクレオチドの2本の鎖からできている。ポリヌクレオチド鎖は、塩基部分でアデニン＆チミン、グアニン＆シトシンの組み合わせで結合し、二重らせん構造に。

ポリヌクレオチド鎖

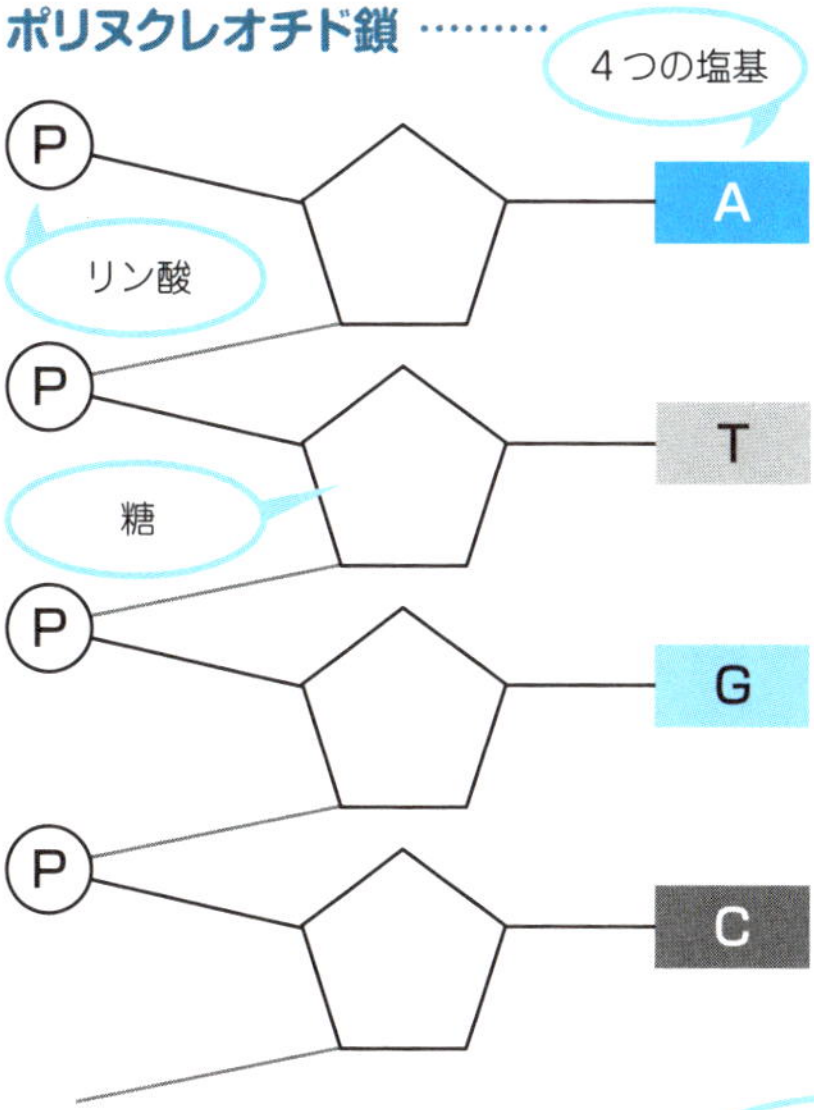

二重らせん

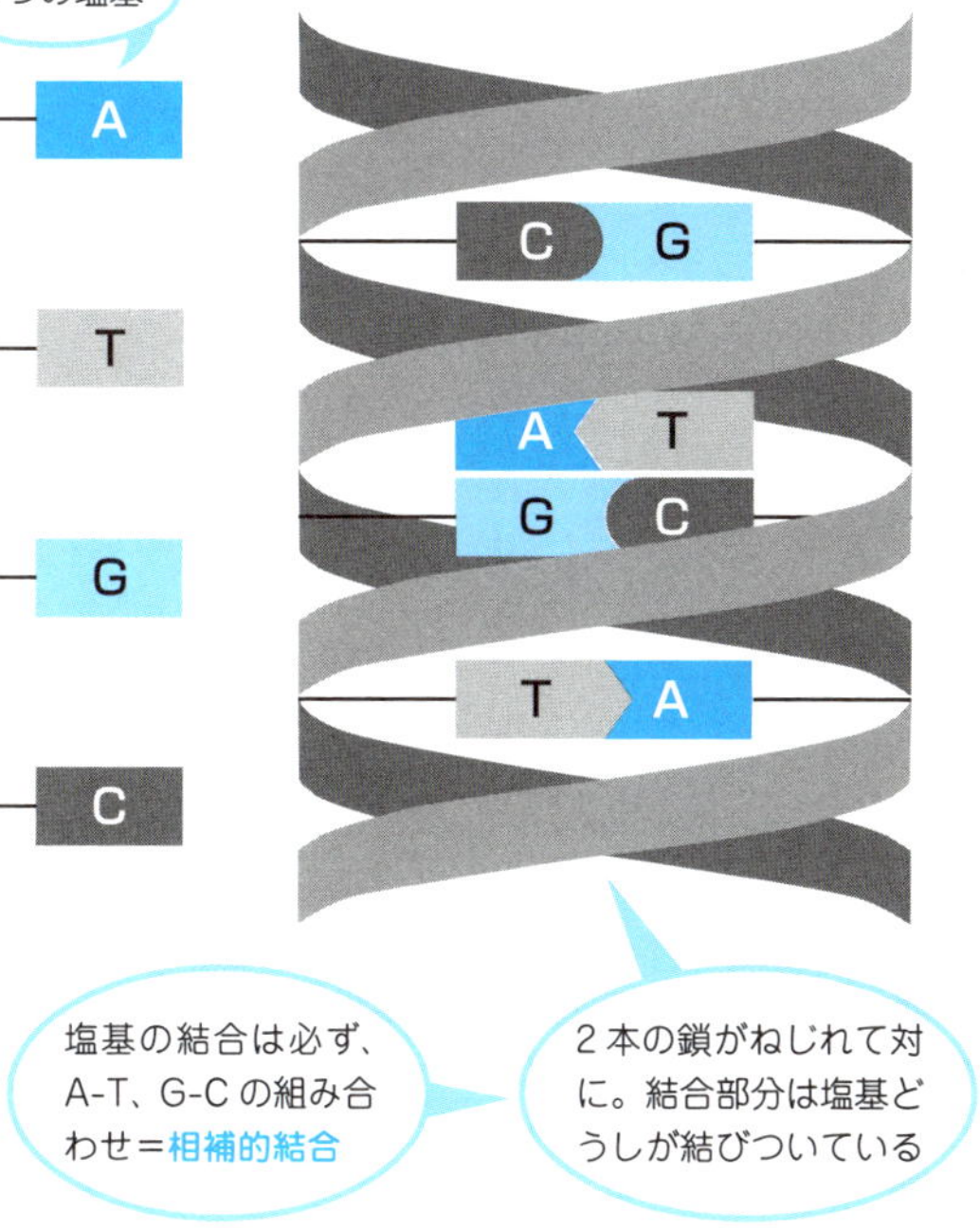

なぜ二重らせんなのか

・コンパクトになる

長さが短く体積も小さくなり、より多くの情報をもつことができる

・強くなる

立体的になって強度が増し、変異や破損が起きにくくなる

・互いに補うことができる

1本の鎖のどこかが変異や破損した場合、もう1本の正常な鎖で修復することができる

設計図（DNA）をもとに体をつくるのがRNA

一本鎖で臨機応変

生物の設計図であるDNAは、生命活動に必要なタンパク質の情報をもっています。ただ、**DNAだけでは、タンパク質をつくることができず、RNA（リボ核酸）がDNAの設計図をもとに、タンパク質をつくります。**

DNAの情報の塩基配列は、細胞の核の中で、RNAに写し取られます。このRNAはmRNAと呼ばれ、核の外にあるタンパク質の合成工場、リボソームに運ばれます。リボソームもRNAで構成され、このRNAをrRNAと呼びます。タンパク質の合成に必要なアミノ酸を細胞からリボソームに運ぶのもRNA。tRNAと呼ばれます。アミノ酸は、DNAから写したmRNAの塩基配列にもとづいてつなげられ、タンパク質を合成します。さまざまな生命活動に必要なタンパク質は、それぞれ必要量が異なりますが、この調整もRNA。snRNAが行います。

RNAはDNAの写しですが、二本鎖ではなく一本鎖、塩基はチミンがなくウラシルがあるというように、まったく同じではありません。この違いがあるからこそ、RNAは、タンパク質の合成が必要なときに柔軟に利用しやすく、エネルギー面でも有利になり、さまざまな役を果たすことができるのです。

DNAとRNAの関係

DNAからタンパク質の設計図を写し取ったRNAが、mRNAとなってリボソームに入り、A, U, G, Cの塩基の組み合わせによって20種類のアミノ酸をつくり出す。

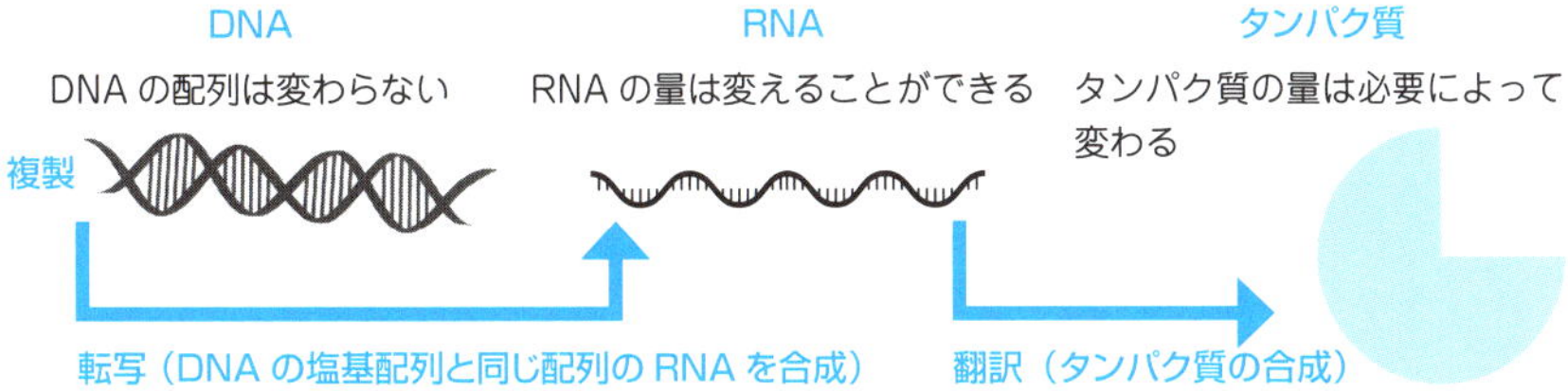

RNAとDNAの違い

DNAは、生命活動に必要なタンパク質などの遺伝情報を記録している。RNAは、DNAの遺伝情報に対応したタンパク質を合成する。DNAは二本鎖で、らせん状。RNAは一本鎖で、一本線。DNAの塩基は、A, T, G, C。RNAの塩基はA, U, G, C。

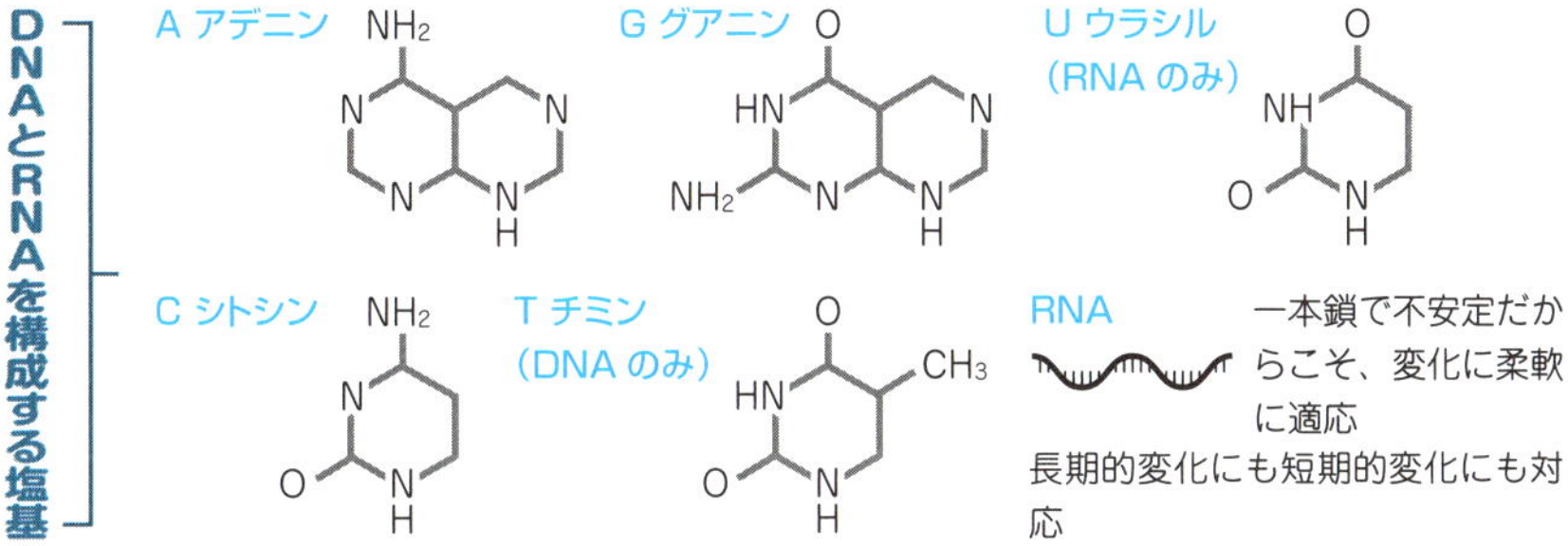

RNAのさまざまな機能

・メッセンジャーRNA（mRNA）

細胞核内でDNAの塩基配列を写し取る（転写）

・トランスファーRNA（tRNA）

タンパク質の合成に必要なアミノ酸を細胞内からリボソームへ運ぶ

・リボソームRNA（rRNA）

タンパク質を合成する装置のリボソームを構成する

・核内低分子RNA（snRNA）

転写量の調節など、RNAの処理を行う

すべての生物はDNA↓RNA↓タンパク質の流れでつくられている

知られざるRNAの働きにも注目

前項でお話ししたように、DNAは、私たちの生命活動を支えるタンパク質の設計図でもあります。タンパク質は、DNAの塩基配列がRNAに伝えられ、RNAのさまざまな働きによって、必要な場所に必要な量だけつくられます。この**DNA↓RNA↓タンパク質の流れは、「セントラルドグマ」と呼ばれます。**DNAの二重らせん構造を発見したフランシス・クリックによって1958年に提唱された基本原則で、**セントラルドグマは、多種多様な、どの生物にも共通のしくみです。**

そして、その後の研究の中で、セントラルドグマには例外があることがわかってきました。**DNAからRNAへの流れどおりではなく、逆にRNAからDNAを合成する現象（逆転写）や、DNAを写し取ったはずのmRNAの塩基が書き換えられる現象も発見されています。**その一例が、HIVです。HIVの感染を引き起こすレトロウイルスは、逆転写によって自分のRNA情報をヒトのDNAに複製し、感染させてしまうのです。この先さらに、これまではわからなかったRNAのまったく新しい働きが発見されるかもしれません。生命現象を理解するためには、セントラルドグマの流れを知ったうえで、それぞれの段階で何が起きているのかを解明していく必要があるでしょう。

セントラルドグマの流れでタンパク質をつくる

DNAは体の設計図なので、保管が大事。使うときはRNAに写し取ってから(転写)。情報を写し取ったRNAは、mRNAとなって核外に出て、タンパク質合成工場のリボソームへ。tRNAが細胞内からリボソームへ運んできたアミノ酸を、DNAから写し取った情報どおりに結合して、タンパク質をつくる。

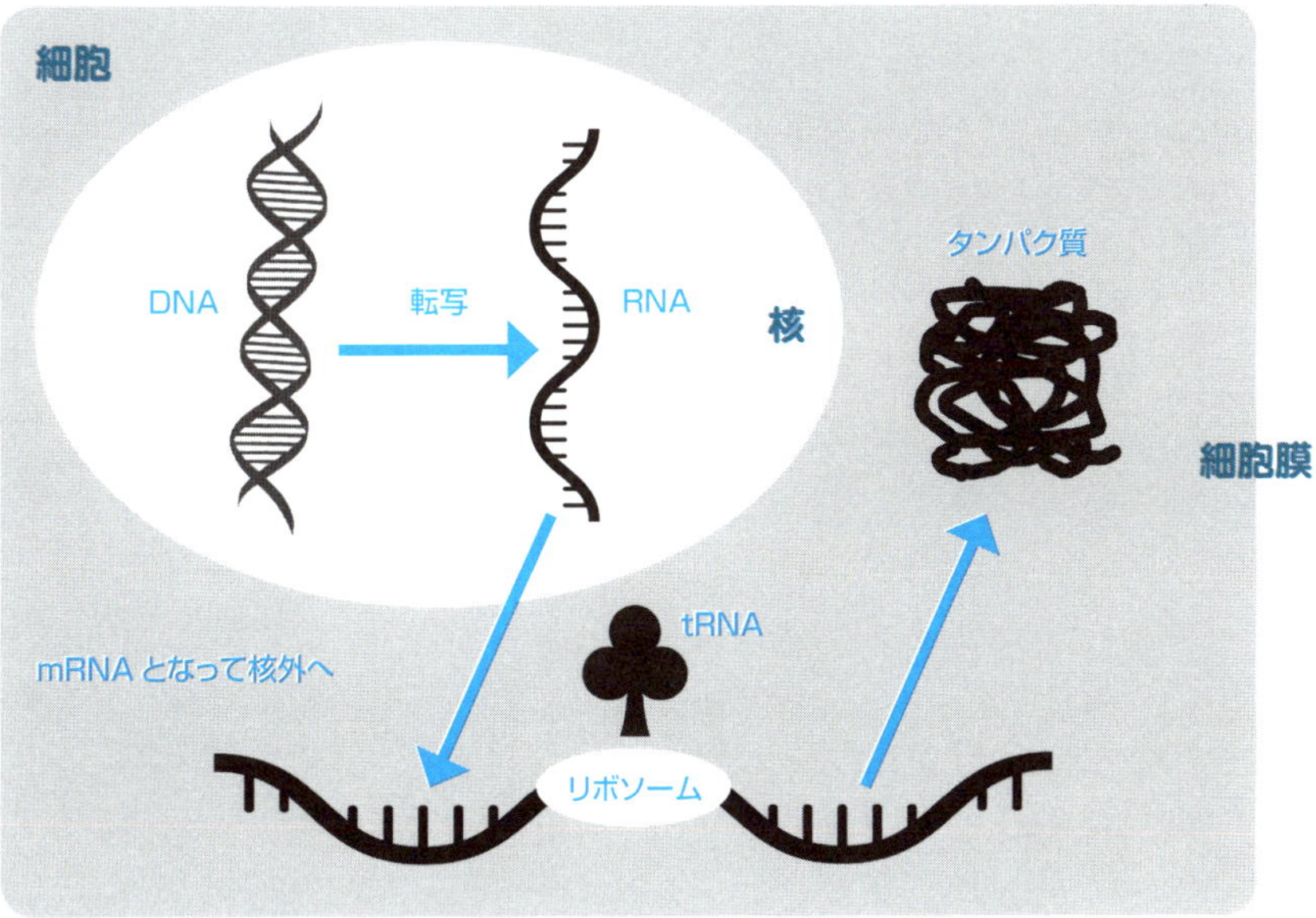

セントラルドグマを覆す理論「逆転写」

1970年、ハワード・テミンとデビッド・ボルティモアのウイルスの研究によって、RNAからDNAを合成する逆転写酵素の働きが発見された。このことから、DNA→RNA→タンパク質という情報の流れは一方的ではないことが判明。また高等生物では、DNAから転写されたmRNAのタンパク質合成に不要な部分を除いて、必要な部分を連結するスプライシング(splicing)の過程があることもわかった。

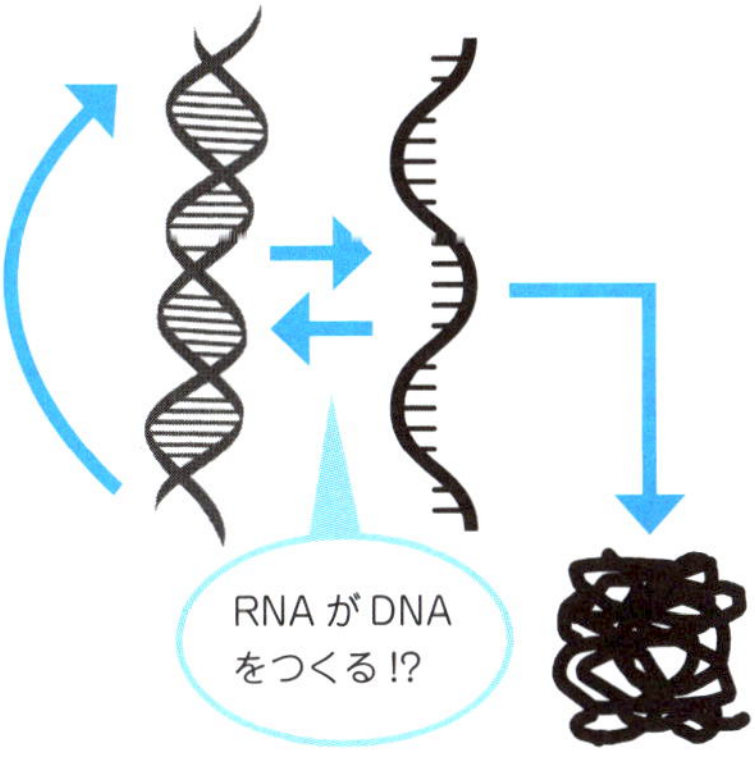

代謝とは体の維持に必要なエネルギー変換のこと

昨日の私と今日の私は違う

　私たち生物が、生まれてからずっと自分の生命を守り続けることができているのは、食べたり飲んだりして常にエネルギーを摂取しながら、**体をつくっている細胞を、古いものから新しいものへと入れ替えているからです。**昨日の私と今日の私は、表面上は同じに見えても、細胞が入れ替わっているので、じつは変化していることになります。

　体の中では、1日に1兆個もの細胞が入れ替わります（更新）。ただ、すべての細胞が同じように更新するのではなく、組織や臓器によって更新のサイクルは異なります。皮膚は約1カ月、血液は約4カ月、骨は約4年で更新。脳細胞や神経細胞のように、まったく更新しない細胞もあります。

　不要になった古い細胞は、死んで分解されたり、免疫細胞に食べられてなくなります。新しい元気な細胞は分裂して2つになり、増えた細胞が死んだ細胞の代わりをするので、細胞の量はいつも一定です。しかし細胞も、加齢や病気、ストレスなどによって機能が低下します。古い細胞を除去する働きが衰えて老化細胞が体内に残ったり、分裂能力が落ちて十分な細胞が確保できなくなると、代謝異常が起こります。生命科学は、代謝の状態を調べることで、健康維持や老化速度を遅らせる研究も行います。

細胞の更新速度は組織や臓器によって異なる

細胞の更新は、体のさまざまな場所で行われている。その速度は同じでなく、場所によって速かったり遅かったりする。

- **速い** → 表皮・角膜・消化器系上皮組織・精巣上皮・造血組織・リンパ組織など
- **ゆっくり** → 呼吸器上皮・尿細管上皮・肝細胞・膵臓・結合組織細胞・胃壁細胞・副腎皮質細胞など
- **生涯に一部だけ** → 平滑筋細胞・脳神経膠細胞・骨芽細胞・副腎髄質細胞・褐色脂肪細胞など
- **まったく更新しない** → 神経細胞・心筋細胞・セルトリ細胞など

代謝異常が起きると

代謝異常とは、代謝を助ける酵素やタンパク質が働かず、不要なものがたまったり、必要なものが欠乏すること。体の機能低下、老化や病気を招く。

（例）
・脂質代謝異常
心筋梗塞、狭心症、脳梗塞など
・糖代謝異常
低血糖、糖尿病
・尿酸代謝異常
痛風、高尿酸血症

あちこちガタがくる…

代謝物に注目！

代謝によってつくられた代謝物は、疾患マーカーとして病気予防に貢献する有用成分でもあり、ストレスの指標にもなる。たとえば、代謝によって体外に排出される尿には、がん細胞でつくられる代謝物が含まれている可能性も。がんの匂い物質を検出できるセンサーをトイレに設置できれば、日常的にモニタリングでき、早期発見につながる。

毎日、トイレでがんの匂い成分をチェック！

病気のとき体はどうなっている?

発熱や痛みは防御反応

私たちの体は、細菌やウイルスなどの病原体が侵入すると、免疫細胞の白血球などが分泌するサイトカイン（情報伝達タンパク質）が脳に危険を伝え、発熱、食欲不振、倦怠感などの症状を起こします。発熱するのは、体温を上げて熱に弱いウイルスの活動を抑えるため。また、免疫機能は、体温が高いほうが活発に働くからです。体温を上げるためには、内臓の働きを活発にしたり、筋肉を震わせて発熱量を増やし、汗を抑えて体温の低下を防ぎます。そして、上がりすぎた体温を下げるときは、汗をかいたり、皮膚の血管を広げたりして熱を放出します。**このように発熱は、ウイルスが起こしているのではなく、体の防御反応によるものです。**インフルエンザにかかると筋肉痛や関節痛が起きることがありますが、これもウイルスのせいではなく、防御反応によって筋肉や関節に負担がかかるからです。

また、体内に炎症があったり、ケガをしたときは強い痛みを感じますが、これも炎症やケガが起こすのではなく、**体に損傷が起こったことを知らせるサイン**です。痛みが強くなったり長く続くことで、病気やケガなどで損傷した部分を動かさないようにさせ、回復力を高める目的があります。病気やケガが治ると、痛みはおさまります。

傷口のウミは白血球の働きの跡

傷口が汚れていると細菌に感染してウミが出る。ウミは、細菌の侵入を防ぐために免疫細胞の白血球が闘った跡。白血球や白血球の仲間のマクロファージは、体内に入り込もうとする細菌を食べることで感染を食い止める。

傷の化膿

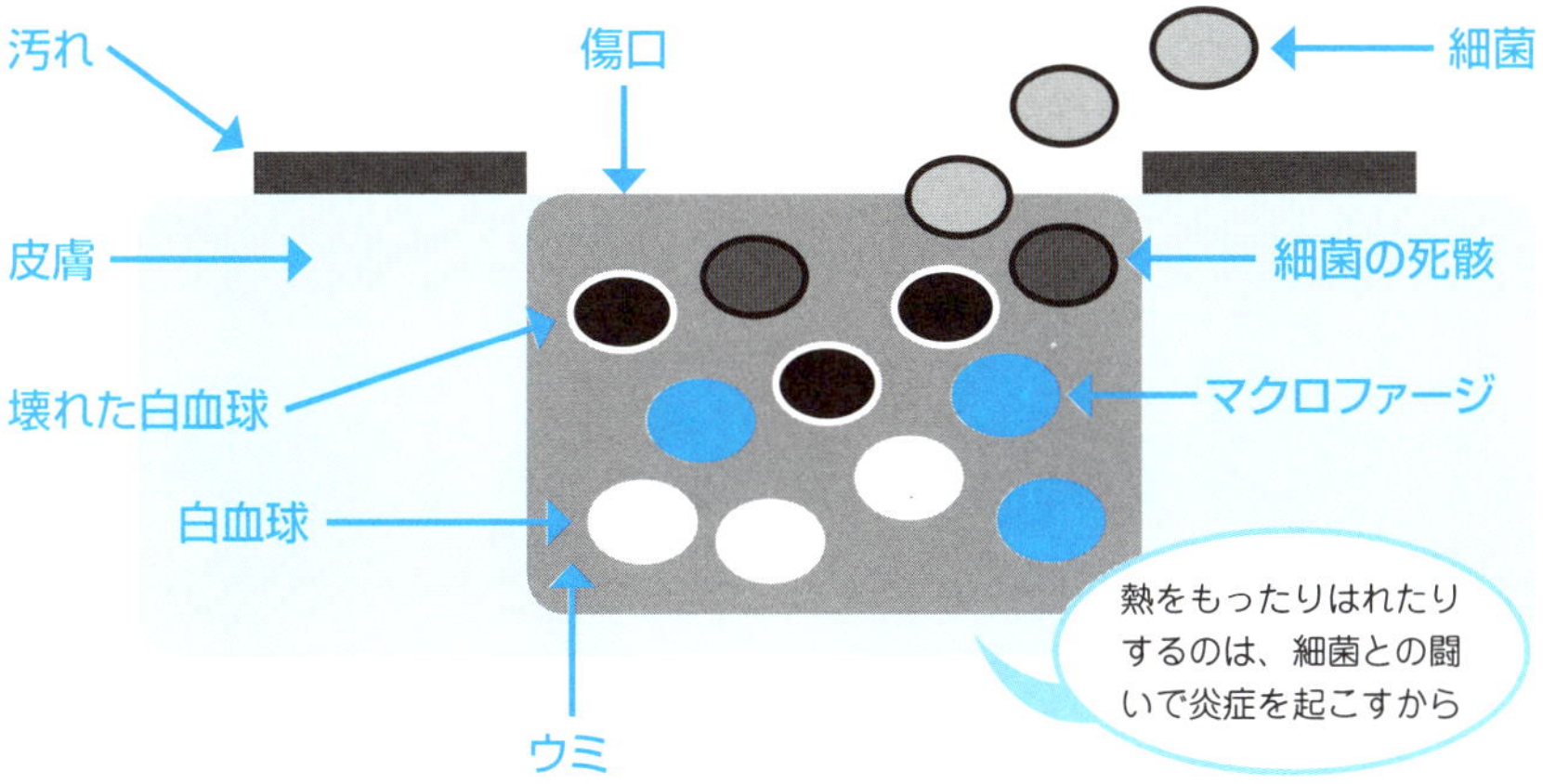

風邪をひいたら……

くしゃみ・鼻水・鼻詰まり・喉の痛み・咳・痰・発熱・頭痛……さまざまな症状も、体が風邪のウイルスと闘っている証拠。熱に弱いウイルスの活動を抑えるために発熱したり、ウイルスを排除するための免疫反応が炎症を起こし、喉の痛みになる。

体温を上げてウイルスの活動を抑える

気道の粘膜に炎症が起きて咳が出る

鼻粘膜に付いた異物を吹き飛ばすために、くしゃみが出る

ウイルスに対抗するために体温が高く設定され、逆に寒さを感じる

ヒトは何歳まで生きられるようになる？

加速する若返りの研究

寿命は生物によって異なり、非常に長い種もあれば、生殖後に死んでしまう種もあります。寿命の長短はそれぞれで、死なない生物はいませんが、老化しない生物はたくさんいます。現代でも、ベニクラゲやヤマトヒメミミズ、ハダカデバネズミの例があります。かれらは、体が傷つくと時間を巻き戻して若返ることができ、加齢で死ぬことはありません。ＤＮＡの修復と保護にかかわる遺伝子が関係するとされています。

日本でも〝腹八分目〟という言葉があるように、**摂取カロリーを制限すると、多くの生物は健康で寿命が延びることが知られています。**そして近年では、摂取することで、カロリー制限をしたときと同じような体内の遺伝子発現変動を引き起こす成分（カロリー制限模倣物）の研究も進んでいます。

２０１１年には、**マウスの老化細胞を除去して健康寿命を延ばす実験が成功**しました。２０２０年には、デビッド・Ａ・シンクレアがマウスの視神経を回復させ、若返らせた研究が注目されました。**山中因子を使ってエピジェネティクスを巻き戻し、高齢マウスを若返らせた**という報告もあります。ヒトへの応用にはまだ時間がかかることでしょうが、「健康寿命」が延びることに大きな期待が寄せられています。

不老長寿へのアプローチ

日本人の平均寿命は80歳以上。人生100年、健康なら120歳までも可能といわれ、さらなる長寿へのチャレンジが始まっている。

【代謝系の制御】

腹八分目。カロリー制限によって、老化や寿命をコントロールする

【老化細胞の除去】

老化によって、それ以上増殖できなくなったゾンビのような細胞を除去する

【エピジェネティクスの巻き戻し】

「若返り」の概念。シンクレアによるマウスの視神経を回復し若返らせた実験など

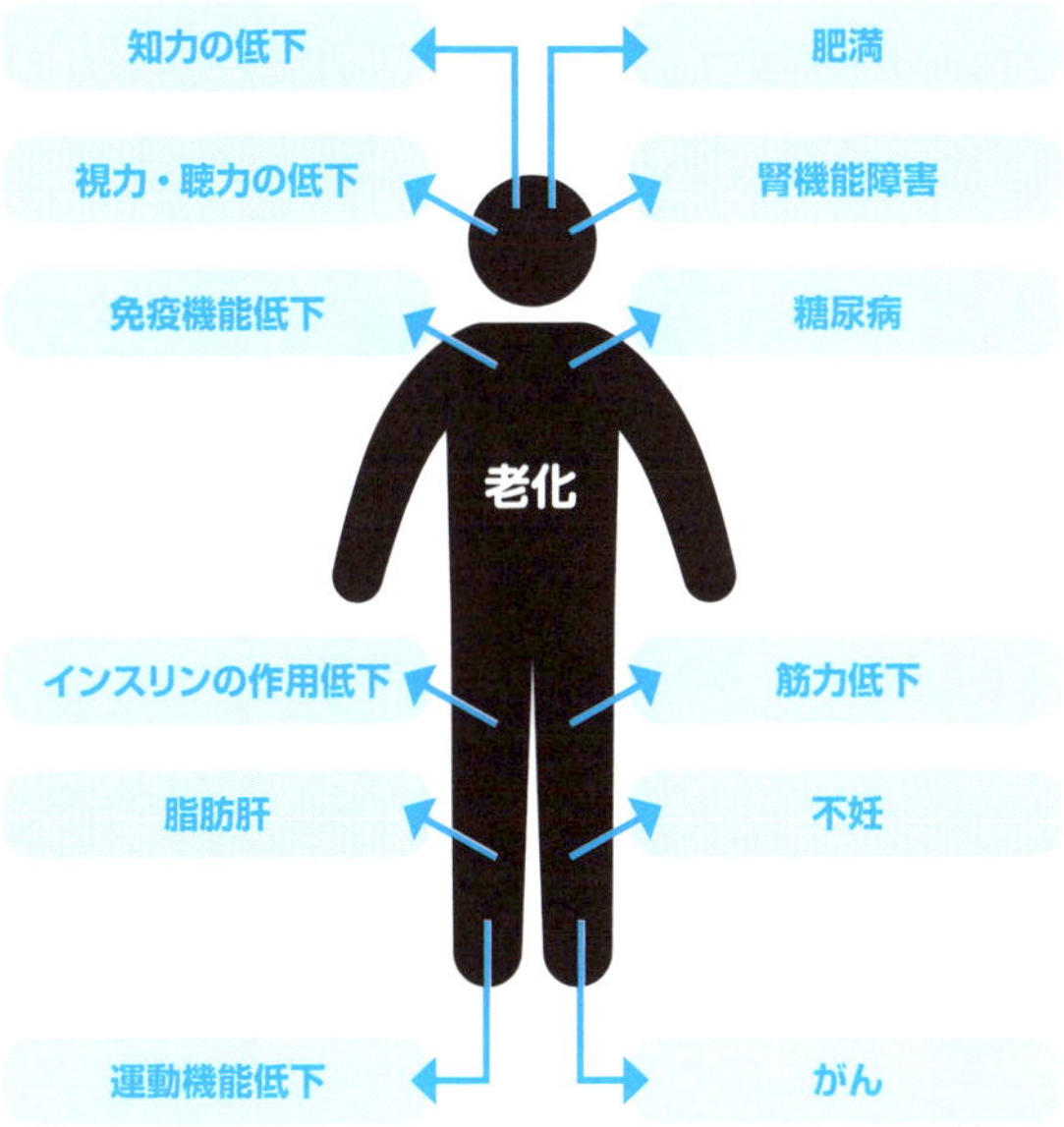

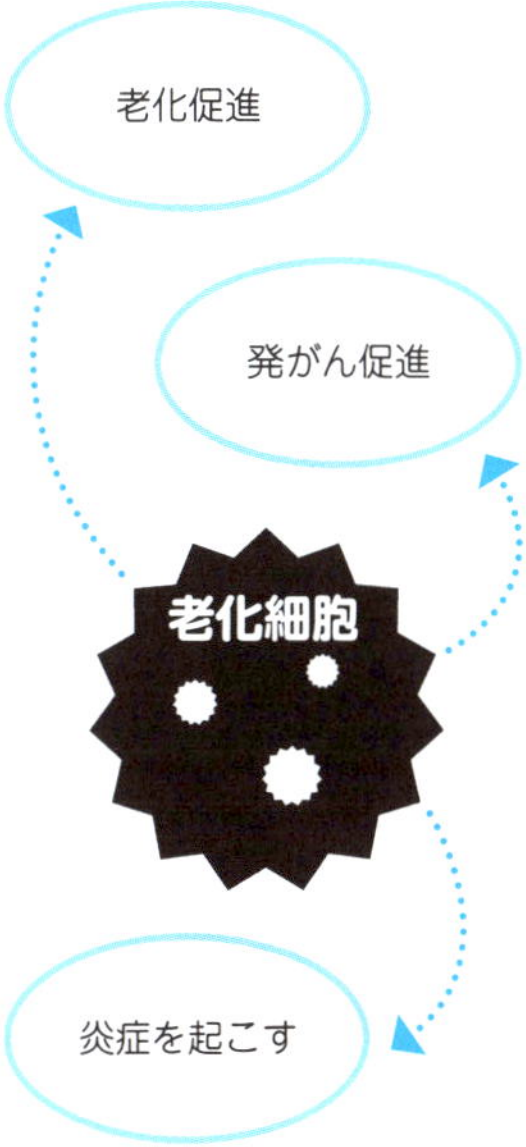

エピジェネティクス時計

年齢には、生まれたときから現在までの暦年齢(実年齢)と、体の組織や細胞の老化の程度からみる年齢がある。エピジェネティクス時計は、生物学的年齢の推定精度が高いことで注目される。DNAのメチル化の度合いと老化の度合いが関係することをもとにした時計。

エピジェネティクス時計による暦年齢とエピジェネティック年齢

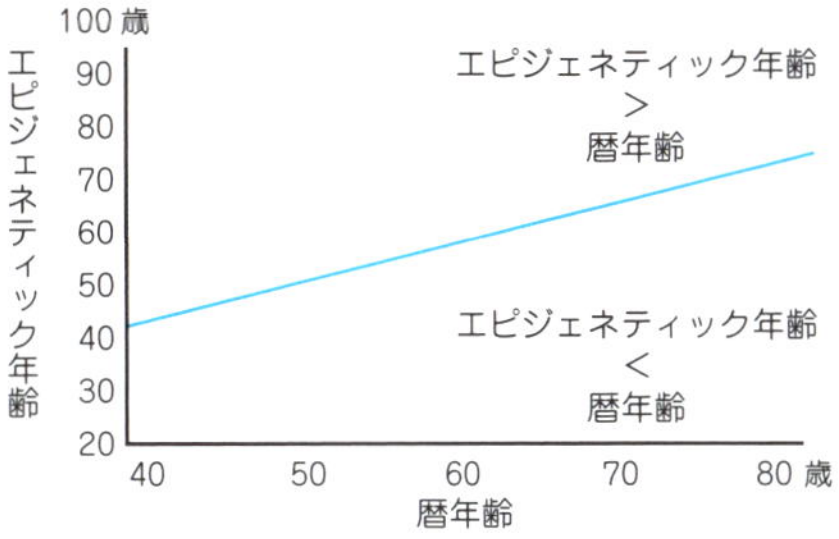

細胞の若返り？「オートファジー」って何？

細胞のリサイクルでリフレッシュ

　私たちの体をつくる細胞は、常に古いものから新しいものに入れ替わって生命を保っています。細胞内には、生命を維持するためのタンパク質やミトコンドリアなど多くの物質があり、病原性の細菌などが侵入することもあります。これらが古くなったり傷ついたり、繁殖して細胞内に蓄積されると、体にさまざまな悪影響を及ぼします。病気や老化の原因になるので、これらの不要物は排除されなければなりません。

　そこで活躍するのが、オートファジー（auto=自ら、phagy=食べる）の働き。**古い細胞や不要物を分解してリサイクルし、アミノ酸を再生して新しいタンパク質をつくり、エネルギーを生み出す**しくみです。すべての生物は、オートファジーの自食作用によって、たえず細胞を若返らせ、常に正常な状態に保って生命を維持しています。

　また、オートファジーは不要物を分解するだけでなく、栄養状態が悪くなったときも、過剰なタンパク質を分解して、生存に必要なタンパク質にリサイクルします。食事だけでは足りないタンパク質も、不足分はオートファジーのリサイクル機能で部分的に補うことができます。

　オートファジーは、生命活動に不可欠な機能です。この機能を失ったら細胞は死にいたり、生命を維持することはできません。

オートファジーのしくみ

私たちの体を若返らせてくれるのが、自食作用をするオートファジー。体内で役目を終えた物質を取り込んで、消化酵素をもつリソソームを使って分解し、新しいアミノ酸を再生する。

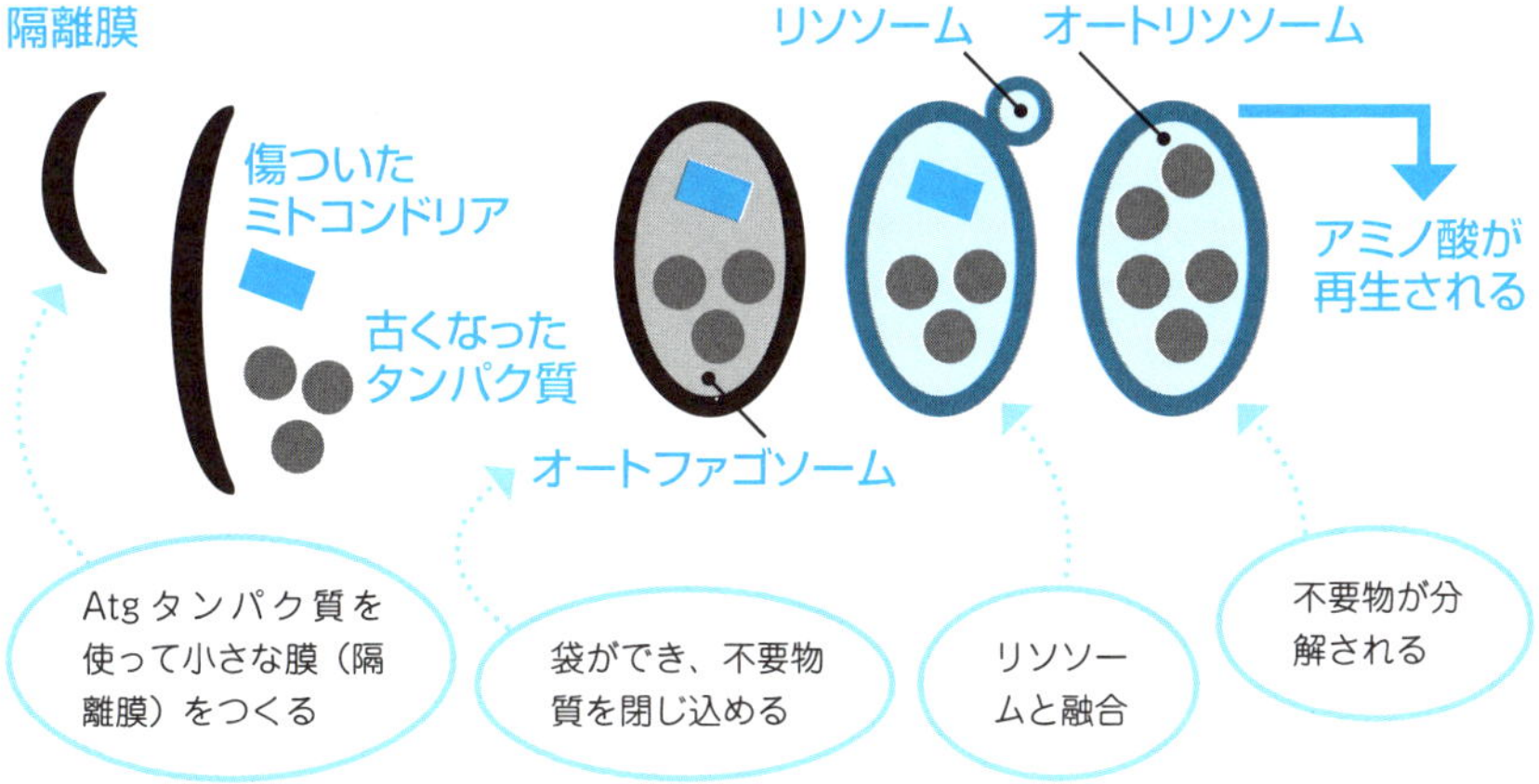

もう一つのオートファジー

オートファジーの一種だが、まったく別の「新規オートファジー」。Atg タンパク質ではなく、ゴルジ体から膜が伸びて隔離膜がつくられ、その先は、Atg 利用のオートファジーと同じしくみ。神経細胞の維持に必要不可欠。

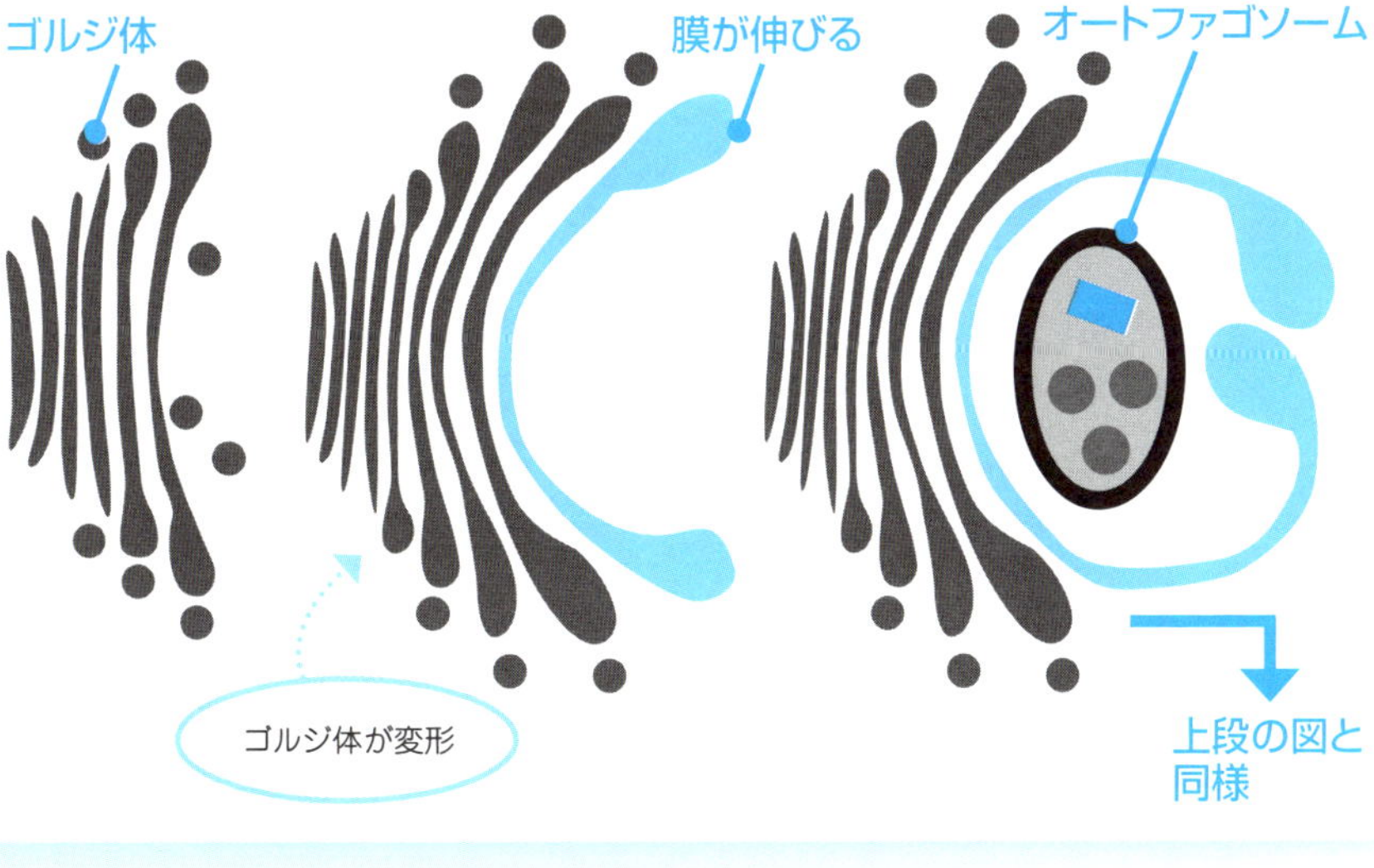

一卵性の双子とクローンは生物学的に同じ？

似て非なる双子とクローン

一卵性双生児は、１つの受精卵から生まれます。受精卵が同じなので、ＤＮＡの塩基配列は同じで、性別、血液型も同じ。容姿もそっくりです。クローンは、人工的につくり出す生物ですが、１つの受精卵から生まれる点では、ヒトの一卵性双生児と同じで、**塩基配列的には、一卵性双生児とクローンは同じといえます。**

クローンの場合、体がつくられる前の受精卵から核を採取して借り腹の子宮に移す方法（受精卵クローン）と、成長した生物の細胞から核を採取して借り腹の子宮に移す方法（体細胞クローン）があります。体細胞クローンは成功率が低く、生まれても幼いうちに死んでしまうケースが多いようです。受精卵からの方法は成功率が高く、現在、食用のクローン牛作製などに活用されています。

ところで一卵性双生児は、生まれたばかりでは同じに見えても、体質が違ってきたり、違う病気になることがあります。ふたりの暮らし方が、まったく同じとはかぎらないからです。同じ家庭で過ごしても、同じ学校に通っても、まったく同じ行動をとることは無理でしょう。食事や運動が違ってくると、生まれたときは遺伝子配列が同じでも、成長するにつれ違ってきます。**環境によって変わるエピジェネティクスの状態が、体に大きく影響していくのです。**

クローン誕生のしくみ

クローンは、受精卵からと体細胞からの２つの方法でつくられる。いずれも人間の手で、良い細胞を選んで移植する。

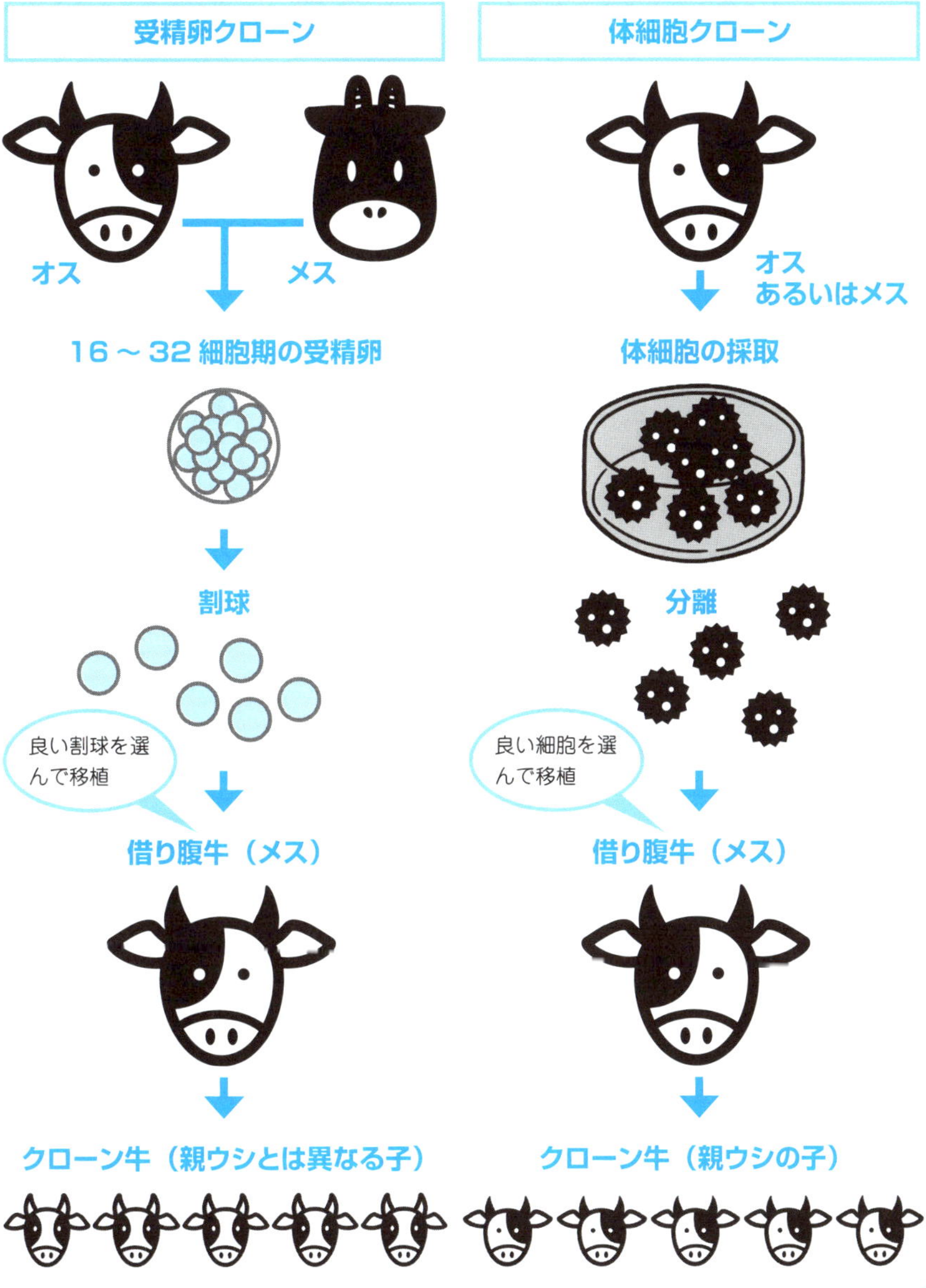

ES細胞やiPS細胞が万能細胞と呼ばれるワケ

半永久的にあらゆる細胞に変身

私たちの体を構成している体細胞に寿命があることは、すでに学びました。組織や臓器の働きを維持するためには、体細胞がたえず入れ替わっていなければなりません。この体細胞を供給するのが、幹細胞。幹細胞は、自己複製能と多分化能の2つの能力をもっています。自己複製能は、何度分裂しても自分と同じ性質のコピーを残すことができ、多分化能は細胞を脳や心臓、肺、筋肉などの器官に分かれさせます。

こうした**幹細胞の働きに着目し、再生医療に活用しようと作製されたのが、ES細胞やiPS細胞です。**

ES細胞は、初期胚を利用します。受精卵が何回か分裂すると、胚盤胞の中で細胞のかたまりができます。それを取り出して培養することによって作製します。

iPS細胞は、ヒトの皮膚や血液など採取しやすい細胞から作製します。患者自身の細胞からつくることができるので倫理面の問題がなく、副作用の心配も少なくてすみます。iPS細胞を活用した医療の研究は世界的に進み、そのスピードはめざましいものです。日本でも、パーキンソン病や網膜疾患の治療の実用化がめざされ、心筋梗塞や狭心症の治療薬の承認申請も行われるなど、さまざまなチャレンジが展開しています。

ES 細胞はこうしてできる

ES 細胞は発生初期の胚からつくるので、受精卵に近い能力をもち、体のあらゆる細胞に変わることができる。iPS 細胞が登場するまで、再生医療研究の中心的存在だった。

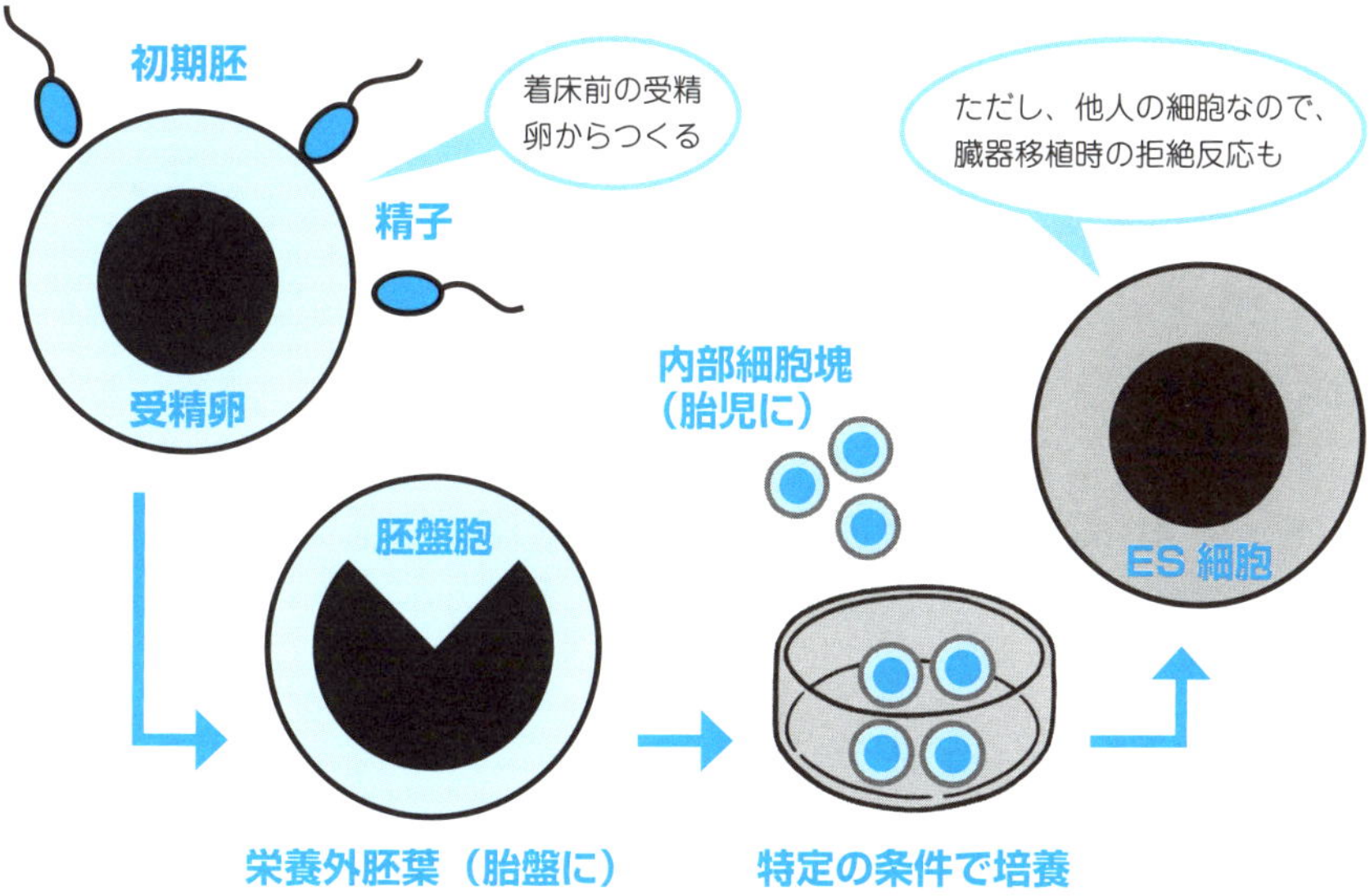

iPS 細胞はこうしてできる

iPS 細胞は、培養の条件や方法を変えることで、さまざまな種類の細胞に変化させることができる。患者自身の細胞を使えば、拒絶反応のない臓器移植もできる。

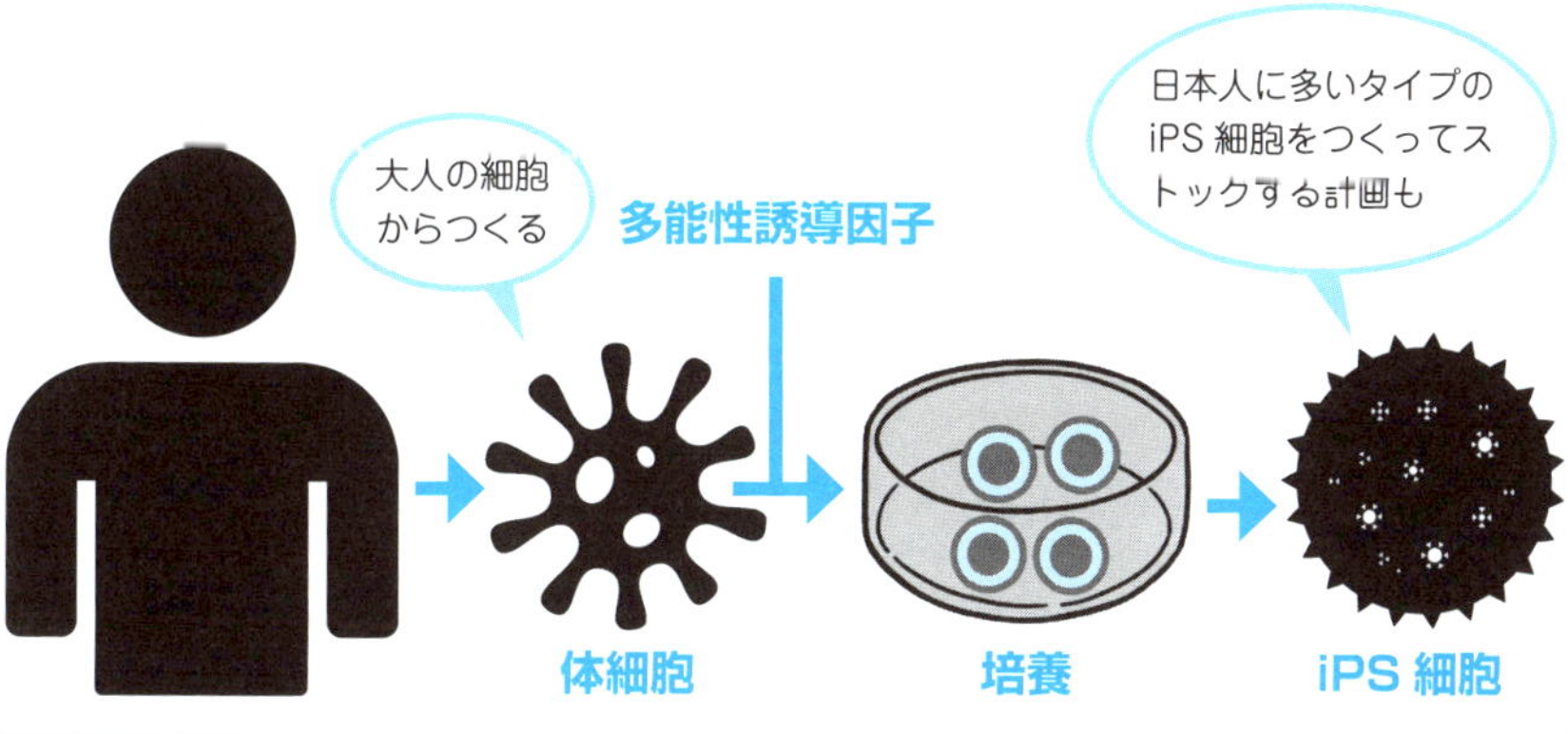

C O L U M N 5

細胞のミスが進化に!

地球に初めて生命が誕生したのは、40 億年以上も前だといわれています。そして、私たちの先祖の現生人類が現れたのは、約 20 万年前。生物はこのように、長大な時間をかけて少しずつ進化し続け、現在の姿になりました。

進化とは、生物集団が遺伝的に変化することです。**生物は細胞分裂を繰り返すことによって生命を維持しますが、分裂のときに DNA のコピーミスが起きると、突然変異が生じることがあります。この変異が子どもに受け継がれることによって、進化が起こります。**生存に不利な突然変異の場合、その生物は弱って子孫を残せなかったり、死んだりして、進化につながることはまれです。逆に、生存に有利な突然変異は、代々子どもに受け継がれて広がり、進化につながっていきます。環境が変われば、不利だと思われている突然変異のほうが有利になる可能性もあります。

進化したことが目に見えてわかるようになるまでは、生物種によって何百年～何百万年もかかります。いまは何の変化もないように見えても、すべての生き物は進化の途中なのかもしれません。

【進化は強化とはかぎらない】

ヒトは、体内でビタミン C をつくることができないが、イヌをはじめ、ほ乳類にはビタミン C をつくれる種が少なくない。ヒトはビタミン C を摂取できる環境にいたため、つくれなくても困らなかった。生物学的には退化でも、進化してきた。退化のリスクをとっても、変化したほうが生き残る可能性があるということ。

第4章

生命科学がさらに進化していくために

生命科学の進化と隣り合わせの倫理の話

未来のために、いま考える

ゲノム編集が遺伝子を原因とする病気を治すテクノロジーとして注目される一方、倫理に反する応用ではないかと指摘される事例も出てきました。２０１８年に中国で誕生した「ゲノム編集ベビー」は、その一例です。問題はいろいろで、まず、申請なしにゲノム編集を行ったことが挙げられます。**人間に対して医療的な治療をするときは、事前に所属する組織の倫理委員会などから承認を受ける必要があります。**また、第三者の査読付きの科学雑誌ではなく、ＹｏｕＴｕｂｅに動画を投稿して発表しただけで、詳細が明らかでないのも疑問です。

ＨＩＶに感染した父親から子どもの感染を防ぐためと伝えられましたが、ＨＩＶ感染のリスクなしに体外受精を行う技術はすでに確立しているので、必要性が疑われます。この研究者は、その後逮捕されて実刑判決を受けました。

　ねらった部分以外の遺伝子も改変され、子どもの健康が損なわれるのではないか、変異が子どもや孫以降にも受け継がれてしまわないか、子どもの人権はどうなるのか、親が理想とする子どもだけをつくるという、優生思想につながらないか……。技術的に実現可能だからといって、やみくもに使用することは危険です。生命科学の進歩と同時に、**倫理面での議論も常にしていく必要があります。**

いま考えたい生命科学の進化とその影響

生命科学の発展は、ときに私たちの倫理に反してしまうことがある。技術がもたらす結果や影響を考えながら、うまく活用していきたい。

考えておきたい問題

①副作用や別の病気の発症
②臓器移植などによる細胞の商品化
③自己責任の負担が大きくなる
④次世代へのマイナスの影響
⑤価値観の対立や強制
⑥さまざまな格差が生まれる

さまざまな価値観

生命科学の応用に対し、よりどころとする価値観は、歴史や文化、宗教、政治、経済などによって大きく左右される。

国それぞれに
価値観は違う
たとえば、人工妊娠中絶は宗教観が
大きく影響する。日本は妊娠 22 週
未満で容認。モロッコは全面的に禁
止。アメリカは争点の一つに
政治や経済によっても、
生命科学への取り組み
や倫理観は違ってくる

意図しないゲノム編集が起きてしまうこともある

ゲノム編集の副作用にどう対応する？

ゲノム編集はいまや、再生医療や品種改良の分野で主役になりつつあります。使い勝手のいい編集ツール、クリスパーCas9が広範囲に利用され、難病治療や創薬に明るい未来が開かれました。ただ、**現段階ではまだゲノム編集は完璧とはいえず、「オフターゲット効果」の問題を抱えています。**DNAの塩基配列の中でよく似た配列がある場合、目的以外の部分を間違って切って、本来望んでいない変異を引き起こすことです。細胞内でゲノム編集ツールのCas9が過剰に現れ、必要でない部分を編集してしまうこともあります。**こうしたオフターゲット効果は、細胞死や細胞のがん化を招くことになるので、なんとしても避けなければなりません。**

そのためにいま、オフターゲット効果ゼロをめざして、クリスパーCas9の改良が急速に進められています。DNAの二本鎖切断の代わりに一本鎖切断酵素を用いる方法や、Cas9とRNAをナノ粒子に入れて運ぶNanoMEDICシステム、新しいタンパク質を導入する方法など、さまざまな技術が開発され、効果を上げています。将来は、現在のゲノム編集とはまったく異なるDNA改変技術が誕生して、オフターゲット効果の心配がなくなる日がやってくるかもしれません。

オフターゲット効果はこうして起きる

標的の塩基配列と似た配列がある場合、間違えてその部分も編集してしまったり、ゲノム編集ツールが過剰に出現してよけいな編集をしたりして、オフターゲット効果が現れる。

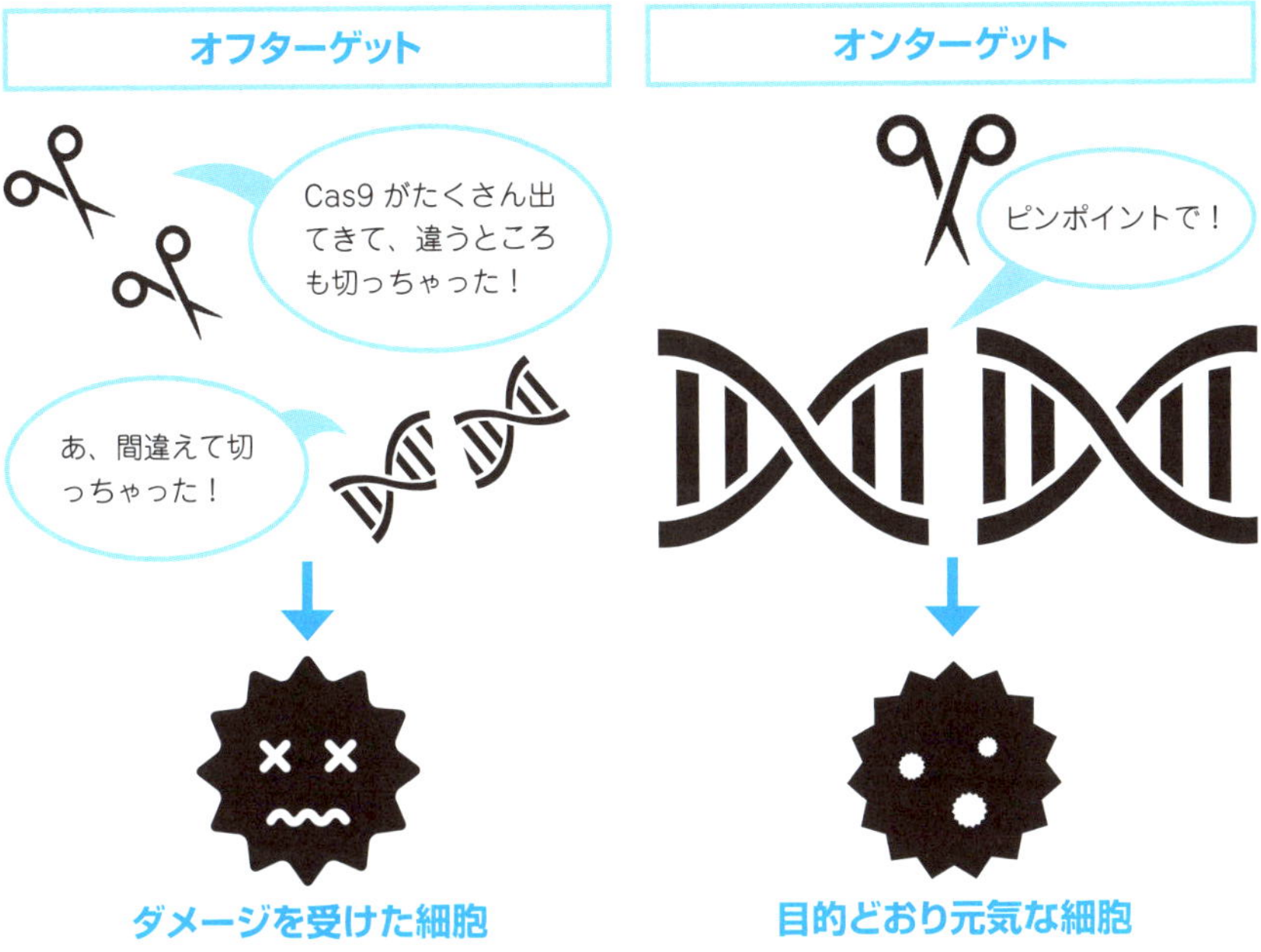

オフターゲット効果ゼロへ

オフターゲット効果を抑えて正確なゲノム編集を行うために、クリスパー Cas9 は、さらなる改良が進められている。また、DNA を切らずにゲノムを編集する「RNA 編集技術」や、「ミトコンドリア DNA 編集技術」など、クリスパーフリーと呼ばれる技術の研究開発も行われ、ゲノム編集はより正確に、より効率的になることが期待される。

【クリスパー Cas9 の改良例】

- HiFi Cas9 タンパク質の活用
- NanoMEDIC システム
- Cas9 ニッカーゼを用いた「NICER」法
- [C] gRNA（セイフガード gRNA）の活用

ゲノムだけわかっても実は何もわからない

期待の大きかったヒトゲノム計画

２００３年に完了したヒトゲノム計画では、全ゲノム配列が解読されればヒトの全部が明らかになると予想されていました。しかし、実際に配列が明らかにされてわかったのは、**ゲノム解読だけでは何もわからない**ということでした。

その後、十数万人ものゲノムを多方面からスピーディーに解析できるシステムが登場。体質や病気などに関係する膨大なデータが構築され、これを基準にして、健康や病気の予測を立てることができるようになりました。**ゲノムの情報だけではなく、環境や生活習慣についての複合的な情報なども収集し、すべての情報を解析することによってはじめて、ヒトの体についてより理解することができる**のです。

未知の部分の解明も、重要です。タンパク質の設計図となる遺伝子は、ＤＮＡの約１％。残りの99％は、設計図とはならないＤＮＡ（非コードＤＮＡ）で、長い間、機能がないと考えられていましたが、その役割が明らかになってきました。たとえば、遺伝子からタンパク質が合成されるまでの過程で、転写の手助けをしたり、エネルギーの節約をしたりと、重要な機能をもつことがわかりました。そして、**私たちの体質や個性の差は、コードＤＮＡだけでなく、非コードＤＮＡの塩基配列の違いにもよるのではないかと考えられています。**

病気になるかどうかをゲノムと生活習慣で予測する

病気になるかどうか、ゲノムだけで決まることはまれ。ゲノムと生活習慣の両方の情報を集めて解析する。

機能しない遺伝子が役に立つ？

機能しないとされてきた「非コードDNA」には重要な役割があった。遺伝子のオン・オフを調節する塩基配列をもち、遺伝子の活性を制御するなど、さまざまな働きをする。

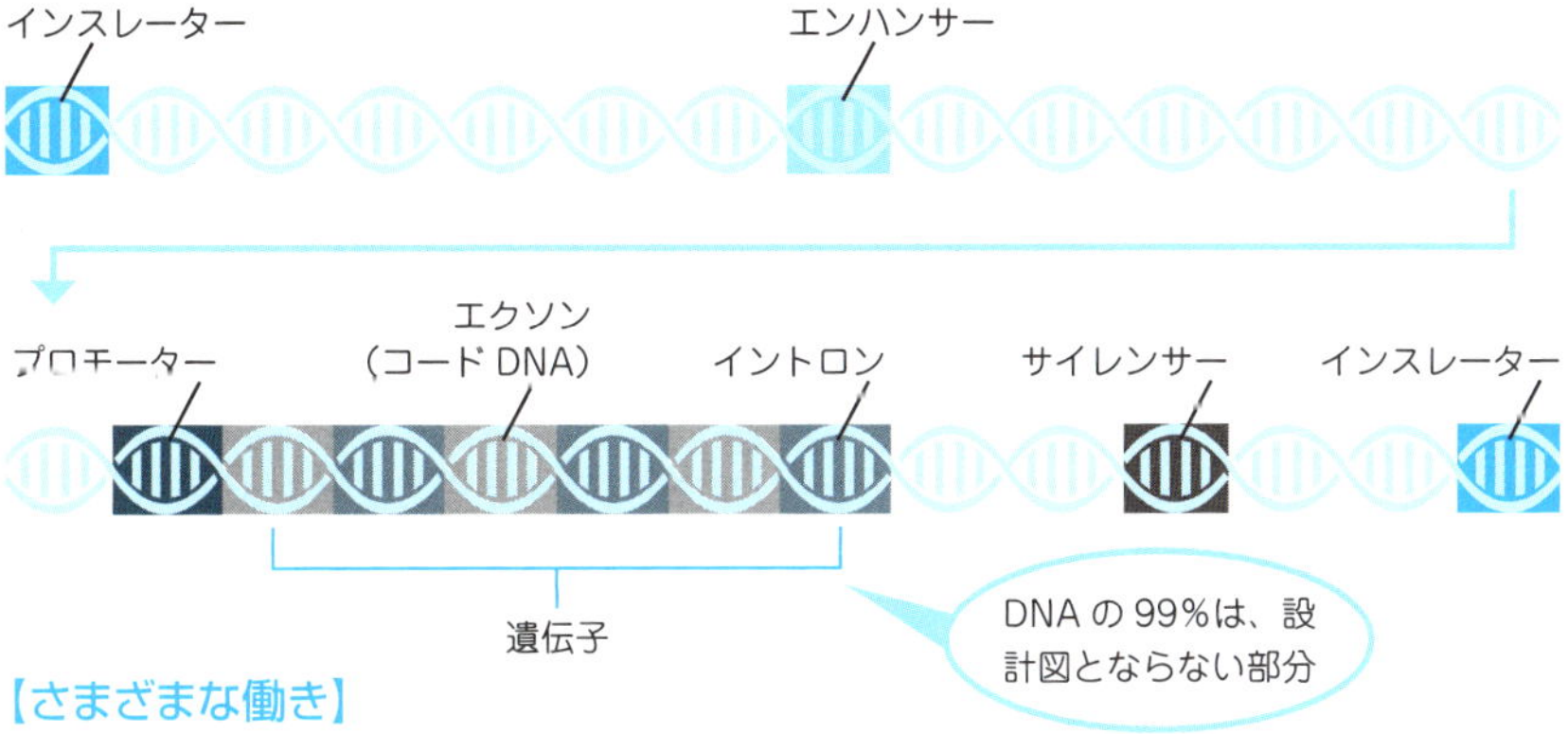

【さまざまな働き】

・インスレーター（転写を制御）
・サイレンサー（転写を抑制）
・イントロン（エネルギーの節約）
・プロモーター（転写の開始部位）
・エンハンサー（転写の活性化）

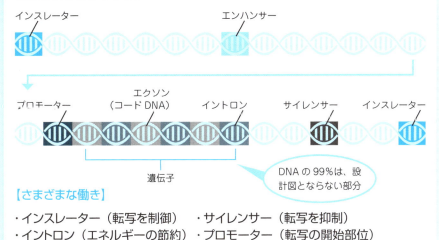

もっている遺伝子は同じでも使い分けられている

遺伝子を使い分けるエピゲノム

DNAのスイッチのオン・オフをコントロールして、体質や能力、病気のリスクを変えることができるエピジェネティクスについては、すでに学びました。このエピジェネティクスの情報が集まったものが、エピゲノム。エピ（epi＝後からの）と名づけられているように、ゲノムに追加されるものです。私たちが親から受け継いだDNAは一生変わりませんが、**エピゲノムは細胞や環境、生活習慣などによって、成長するにつれ少しずつ変化していきます。**

エピゲノムは、どの遺伝子を使い、どの遺伝子を使わないかを決めるスイッチ、つまり遺伝子の働きのオン・オフをコントロールする機能をもっています。たとえば、**DNAにメチル基がついてメチル化すると、遺伝子はオンになり、メチル基がはずれると、オフになります。このしくみを利用して遺伝子の働きをコントロールし、再生医療や病気治療につなげようという研究が進められています。**

エピゲノムの異常が、さまざまな疾患に関係することもわかってきました。また、エピゲノムの状態を見れば、体の状態を把握することができ、生活習慣病を予想したり、薬の効果などもわかります。エピゲノムの解析結果を診断に利用したり、エピゲノムの異常を正す薬の研究の試みも始まっています。

エピゲノムとがんの関係

がんの多くは、エピゲノム異常が原因であること、突然変異とエピゲノム異常の両方の積み重なりが、発症を招くことがわかってきた。このエピゲノム異常を正して治療につなげる研究が進められている。

エピゲノムの影響

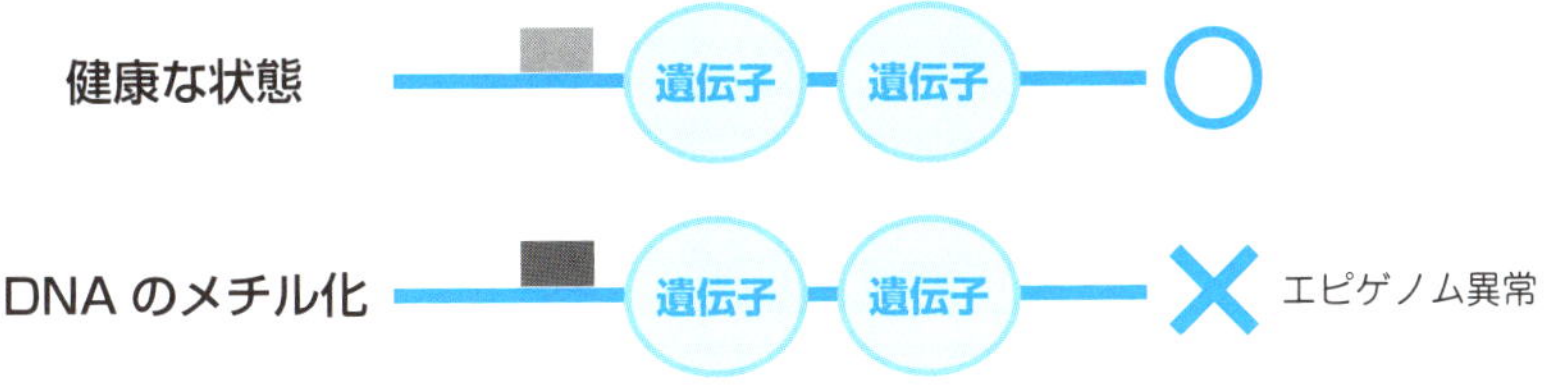

＝メチル化のないCpGアイランド　＝メチル化したCpGアイランド

※CpGアイランドとは、塩基Cの次に塩基Gが並んだ2塩基配列が出てくる領域

DNAダメージ＋エピゲノム変化でがんが発症

DNAダメージが起こったり、エピゲノム変化が起こったり、複合的な要因が、がんを発症させる。DNAダメージだけで発症することもあれば、エピゲノム変化だけで発症する場合もある。

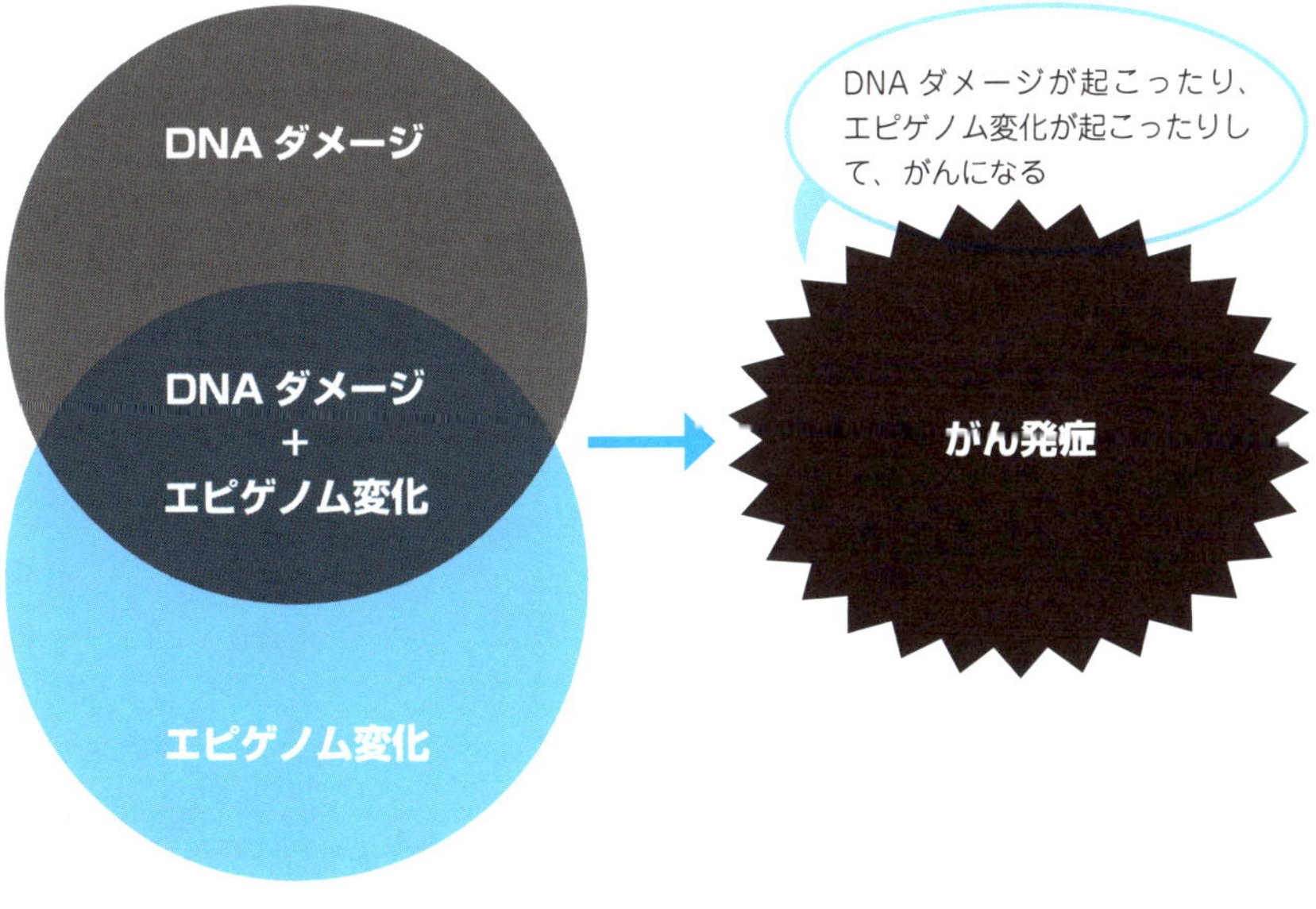

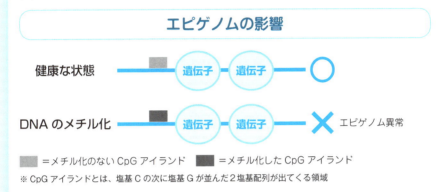

遺伝子操作で理想の子どもをデザインする技術

デザイナーベビーが人類を滅ぼす？

ゲノム編集技術を使って、望みどおりの子どもをつくることは、技術的には可能です。実際に中国では、デザイナーベビーを誕生させました。ＨＩＶ感染しない子を目的としていましたが、ＨＩＶ感染のリスクは避けられても、インフルエンザ感染のリスクが高まるという指摘があります。遺伝子操作の影響はどうなのか、将来世代への影響はどうなるのか、倫理的に許されるのか、といった問題も残りました。

　病気にならない、頭がよい、体力にすぐれている……そんな子どもをもちたいという気持ちは、わからなくもありません。遺伝子操作で、記憶力にかかわる遺伝子を活性化すれば、記憶力がよくなるかもしれません。しかし、**ヒトのゲノムを変化させることは、まったく想定外の変化をもたらす可能性もあります。**1つの遺伝子が1つの性質だけにかかわっていることは少なく、多くの機能にかかわっているため、ひとつ遺伝子配列を書き換えると、想定していない性質の変化がもたらされるかもしれません。

　デザイナーベビーをつくることによって変化した遺伝子は、その子どもに受け継がれ、さらに次の世代に受け継がれていきます。これが繰り返されることによって、**いまのヒトとはまったく違う新しい人類が誕生し、いまの人類全体が滅ぼされていく可能性もありそうです。**

デザイナーベビーは禁止されている

遺伝子操作で望む子どもをつくることは技術的にはできるが、禁止されている。中国の研究者がHIV感染防止を理由にデザイナーベビーを誕生させたが、ベビーたちのその後は公にされていない。

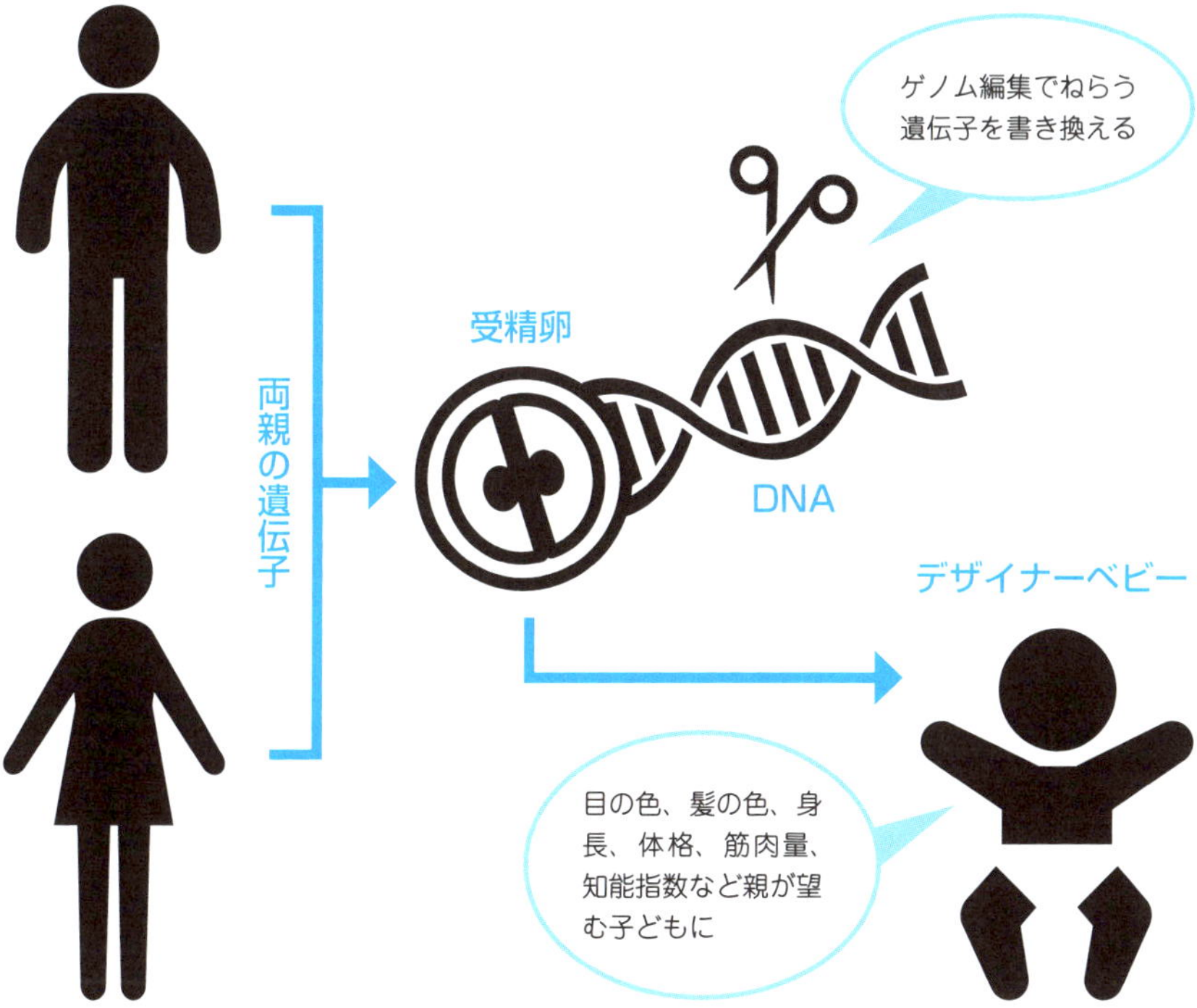

【メリット】

- 遺伝的な病気のリスクを減らせる
- 希望する容貌、体型、知能、運動能力が得られるかもしれない

【デメリット】

- デザイナーベビーの人権
- 障害者などの排除につながる
- 差別・格差を生む
- 経済力による差がつく
- 次世代にも影響を及ぼす

WHOの声明

世界保健機関(WHO)は、ヒト生殖細胞系列を対象としたあらゆる遺伝子操作を許可しないよう各国政府に求める声明を出した。日本の法規制はまだない。

遺伝子治療の光と影
遺伝子ドーピング

新しいかたちのドーピングが問題に

昨今、オリンピックをはじめとした競技大会で問題になっているのが、薬物投与によるドーピング。そこに、新たに「遺伝子ドーピング」問題が登場し、注目を浴びています。

遺伝子ドーピングとは、遺伝子治療に用いられているゲノム編集技術を応用し、特定の遺伝子を体内に導入して、身体機能を上げるというもの。これまでの薬物ドーピングとは違って、**もともとヒトの体に備わっているメカニズムを利用するため、短期間で、より精密に選手の運動能力を高めることができます。**遺伝子がつくったタンパク質は、尿や血液にはほとんど出てきません。万一出てきても、もともと体内にあったタンパク質と区別がつきません。そして、注入した遺伝子は、血中で分解されやすく検出されにくいので、ドーピングの痕跡はほとんど残らないでしょう。

しかし、当然リスクもあります。たとえば、ゲノム編集によって赤血球が異常に増えると、血管が詰まりやすくなったり、予想外の反応が出て、深刻な副作用が起こる可能性もあります。**編集された遺伝子の機能は半永久的に残るので、先々病気を引き起こすことにもなりかねません。**使える技術があるとしても、はたしてその目的に使っていいものか、安全性はどうなのか、よく考える必要があります。

いろいろなドーピングの可能性が

赤血球やタンパク質の合成を促す遺伝子や、筋力・持久力を強化する遺伝子を導入して身体機能を上げる遺伝子ドーピングは、ゲノム編集に求められる公正さに反する。副作用やオフターゲット効果による健康被害の可能性も。

・赤血球の合成を促すエリスロポエチンの遺伝子を注入
・タンパク質の合成を促す腸内細菌を移植
・筋肉強化の働きがあるタンパク質の遺伝子を注入
・筋力・持久力強化にかかわる自身の細胞を大量培養して、体内に戻す

もともともっている細胞を使うので、より早く効果が現れ、効率的

持久力強化！
筋力増強！

遺伝子ドーピングは検査で反応が出ない

ゲノム編集技術を使うドーピングは、遺伝子を直接編集するので、従来のドーピングと違って体に痕跡が残りません。検査で発見されにくいので、スポーツマンシップとはかけ離れたところで、悪用される可能性があります。安全性と有効性が実証されていないので、健康への影響も心配です。

遺伝子がつくり出したタンパク質だから、尿や血液にほとんど出てこない

治療法が変わると新たなリスクにつながる可能性も

リスク回避の研究も進んでいる

難病の鎌状赤血球貧血症の治療の実績はありますが、そのほかのほとんどの**遺伝子治療はまだ、安全性や有効性が確立してはいないのが現状です。**したがって、あらゆる病気に応用できる可能性を期待する一方で、新たな治療法は、**新たなリスクにつながる可能性もあることを知っておく必要があります。**

２０００年前後に、生まれつき免疫力が極端に低い患者に対して遺伝子治療が行われ、その大きな成果が話題になりました。ところが、２～３年で死亡事故や白血病が発生したため、遺伝子治療の臨床研究は、しばらくストップしました。白血病になった患者の血液細胞を解析した結果、病気の発症の原因は、遺伝子を導入するレトロウイルスベクターが大量に投与され、過剰な免疫反応が起こったことによるものでした。

その後、レトロウイルスベクターの改良や、安全性の高いレトロウイルスベクターの開発、リスクを回避する研究が行われ、白血病の発生は、ほぼなくなりました。一方でゲノム編集技術はさらに進展し、遺伝子治療の成功例も増えてきたことから、遺伝子治療に対する期待があらためて高まっています。ゲノム編集による遺伝子治療は、目的と方法を間違えさえしなければ、すばらしい技術です。過去の失敗から学びながら、研究を深めていきたいものです。

レトロウイルスベクターによる遺伝子治療

レトロウイルスベクターは、患者の細胞に正常な遺伝子（治療遺伝子）を運ぶ、遺伝子治療には不可欠な機能。ベクターの大量投与による変異で、副作用やほかの病気の発症の可能性もあり得るが、安全なベクターの開発、リスクを回避する研究が進んでいる。

患者自身の細胞による骨髄移植の例

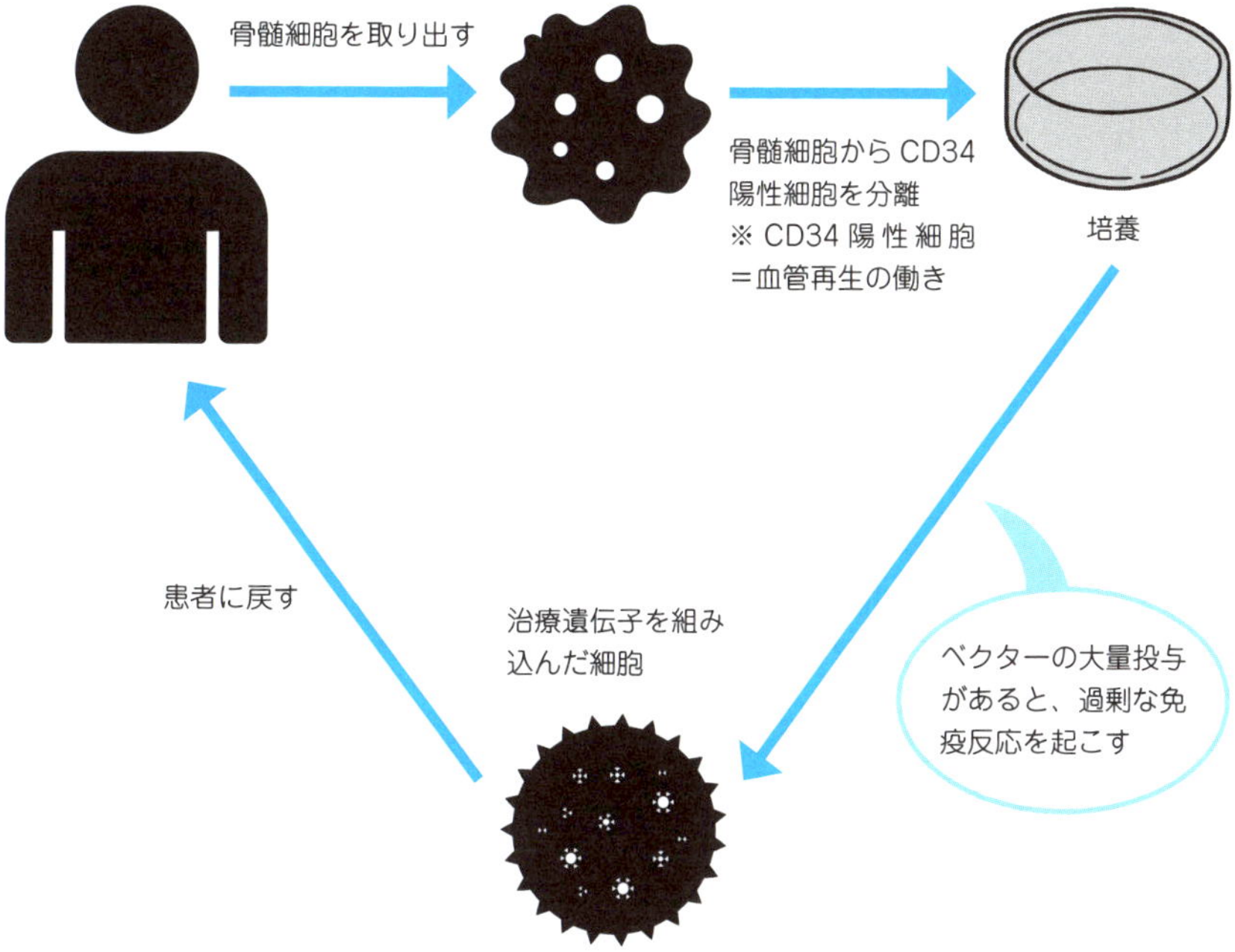

知っておきたいリスク

- ・ウイルスベクターが増えると免疫反応が過剰に
- ・染色体への遺伝子導入によって発がんの可能性
- ・生殖細胞への遺伝子導入の可能性
- ・がん遺伝子が活性する
- ・がんを抑制する遺伝子が機能しなくなる
- ・DNAの切断でゲノムが不安定になったり、ゲノムの大規模欠損が生じる
- ・目的外の遺伝子の挿入
- ・ウイルスやベクターの排出による、患者や医療従事者への感染リスク
- ・保険適用外で高額治療になる

多様性が生命の進化に不可欠な理由

生物は多様性によって生き延びる

地球上には、数えきれないほどの多様な生物が共に生きています。もちろん、地球の始まりからずっと同じ状態で生命を保ってきた生物はいないに等しく、ほとんどが大きな環境変化に対応するために、多様に姿形を変えて生き残ってきました。子どもが生まれるときは、遺伝子の変化が起こりやすくなり、多様性が生じやすくなります。生き残った生物は、子孫を残すことを繰り返しながら新しい種を生みだし、絶滅の危機を避けてきました。いい換えれば、**多様性が絶滅のリスクを減らし、生命の可能性を広げてきたということになります。**

ヒトの性の多様性の例として、ＬＧＢＴ（Lesbian, Gay, Bisexual, Transgender）が話題になることがあります。最近の研究では、ＬＧＢＴに関連する遺伝子が実は生存に有利である可能性も示されつつあり、少数派だからと否定や差別をすることがいかにナンセンスなことかと思わされます。そもそも**絶滅危惧種は遺伝的な多様性が低いことが知られており、逆に多様性が高い生物は生存しやすいとされています。**ゲノムデータを見れば、他人と違うのはあたりまえのこと。多様性は生物の進化に不可欠です。多様性を否定することは、自分たちの生存を否定することになります。生物の最大の特徴でもある多様性を大事にしたいものです。

多様性がなくなると種の絶滅に

環境の変化は予測が困難。生物は、あらゆる事態に対応しながら、多様に変化してきた。多様性は進化に不可欠。いくつかの種が絶滅しても、一部の種は生き延びる可能性がある。

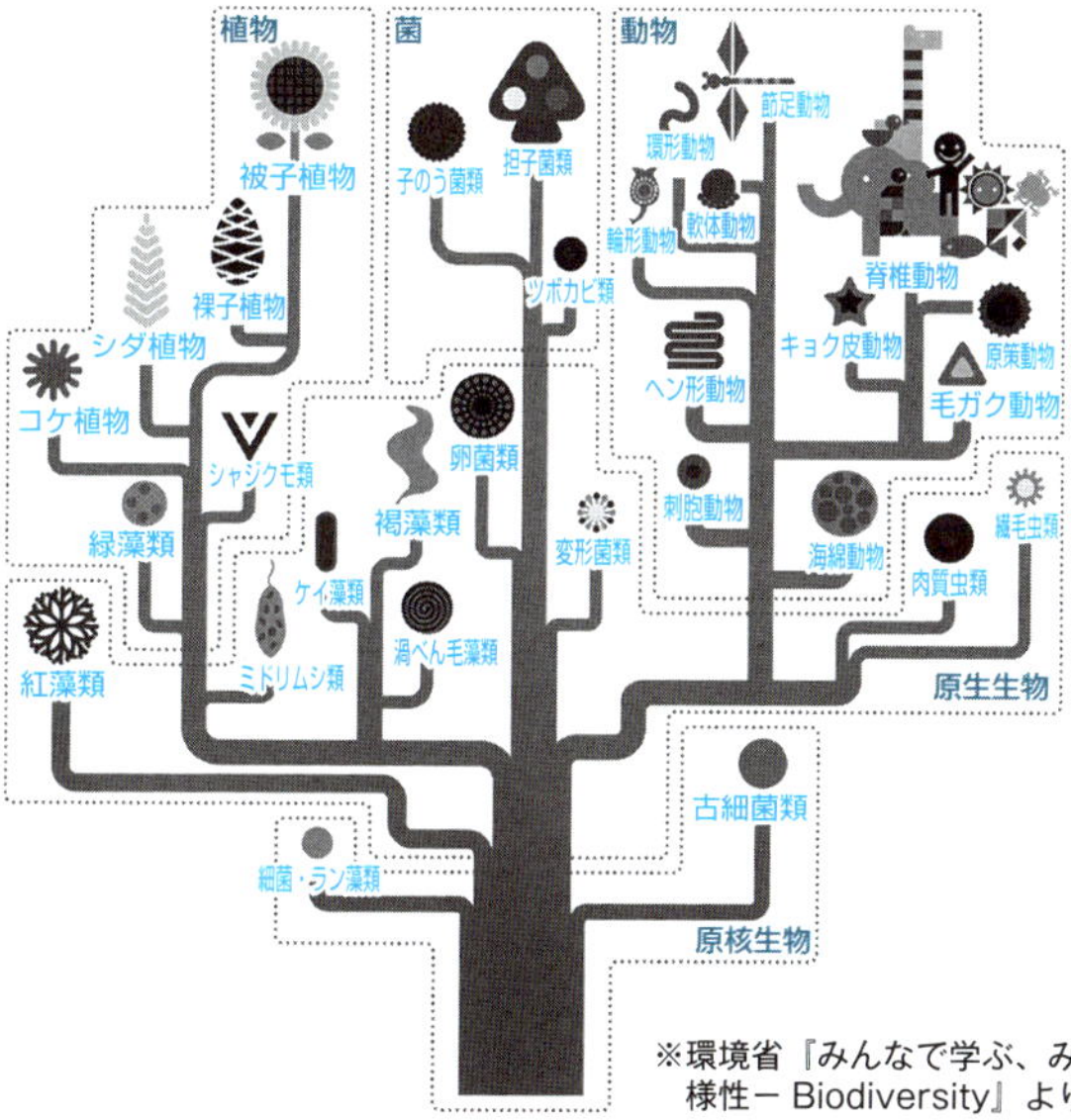

※環境省『みんなで学ぶ、みんなで守る生物多様性－ Biodiversity』より

多様性を生み出す減数分裂

精子と卵子がつくられるときに、１対の染色体の間で交差が起きる→新しい遺伝子の組み合わせ→生まれてくる子どもに遺伝子の多様性が生じる。

減数分裂

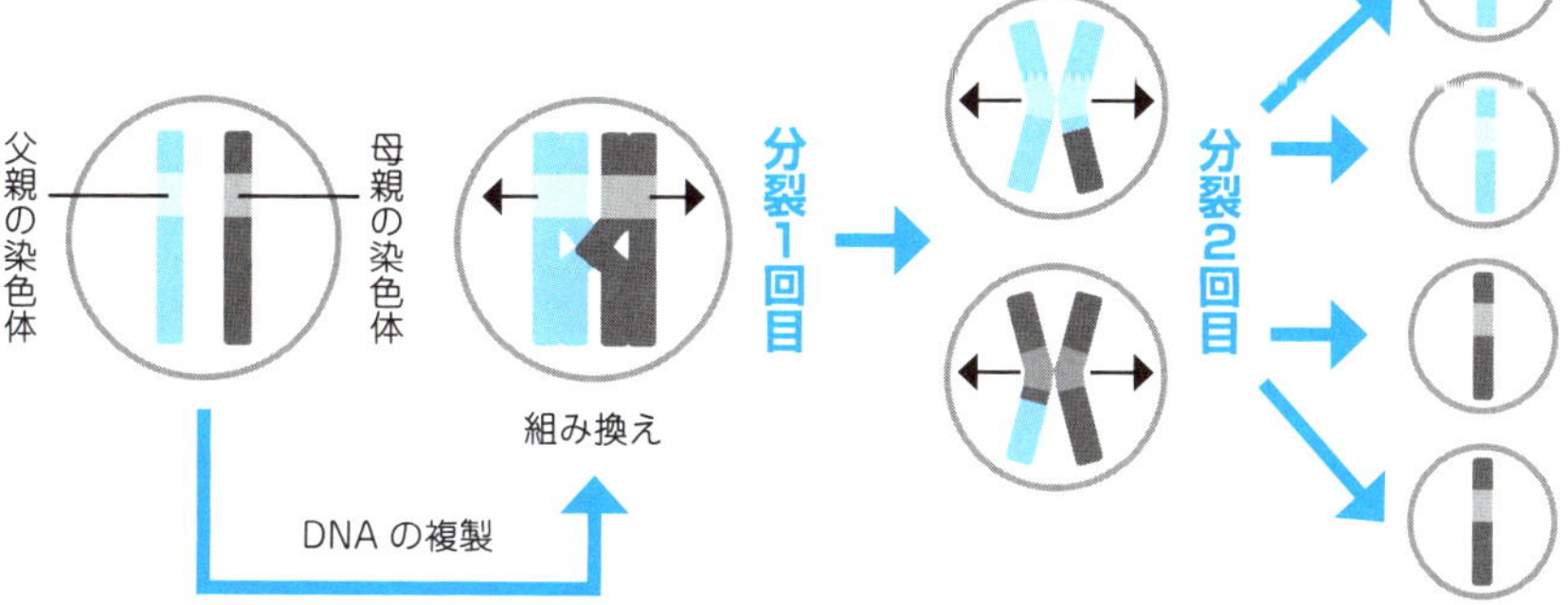

生命科学は目的を間違えないことがとても大事

生命科学は幸せになるためにある

私たちヒトは何なのか。どこから来たのか。最初の生命は、どうやって誕生したのか……。誰もが一度は、こんな疑問を抱いたことがあるのではないでしょうか。それに答えるのが、生命科学です。この疑問に取り組み、生物について追究する中で、生命科学はとくに細胞や遺伝子など、生命のしくみについて研究してきました。なぜ病気になるのか、なぜ歳をとるのか、なぜ違いができるのか……と、さらなる疑問にも取り組む中で、解明した生命のしくみを応用したテクノロジーが生まれました。

病気の予防や治療のために遺伝子を改変する技術が生まれ、さまざまな細胞に変化するｉＰＳ細胞がつくられ、ｍＲＮＡのワクチンが開発され、健康維持や老化予防についての研究も進んでいます。得られた知識は医療だけでなく、品種改良や再生可能な自然のエネルギー生産など幅広い分野に応用され、私たちの暮らしをよりよいものにしてくれています。

ただ、技術が発達すると、それだけを重視し、遺伝子改変による弊害の可能性や、遺伝子差別の問題などを忘れてしまいがちです。そうでなく、**誰もが健康で幸せな人生を送り、すべての生物が生きながらえるように、地球環境をよりよく維持していく。生命科学は、この目的を間違えないようにしなければなりません。**

目的を間違えないために

生命科学は、“よりよい社会をつくるため”という目的を間違えないようにすることが最優先。遺伝子治療を行う医療関係者には、「医療倫理の四原則」、自立性の尊重・無危害・善行・公正であることが求められる。

遺伝子治療を行うときは

プラスの効果とマイナスの効果

生命科学の新しいテクノロジーを応用するときは必ず、生命倫理と規制に照らし合わせて、社会にとって「プラスの効果」があることを確認して進める。「マイナスの効果」がわかったときは拡散を防止し、法規制をかけてストップさせることも必要。

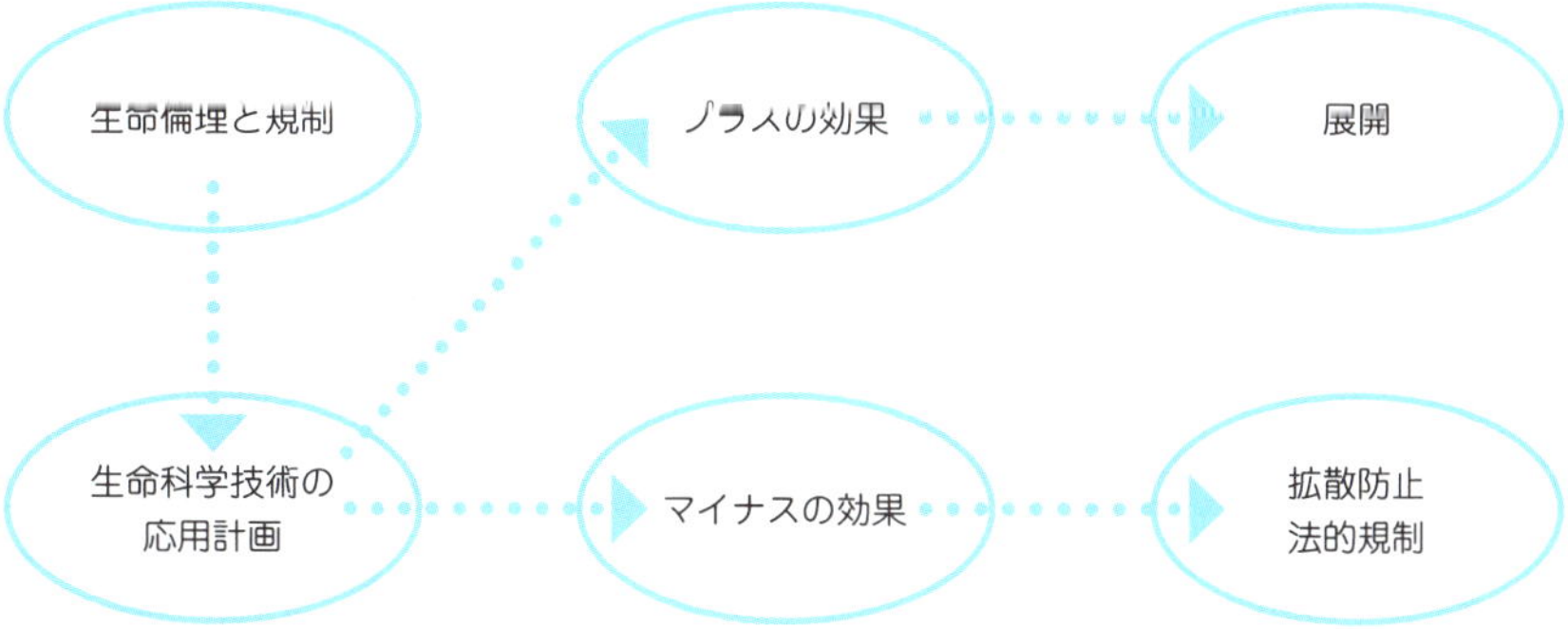

社会を変えられるのは議論を巻き起こすようなテクノロジー

社会と私を幸せにするかどうか

生命科学のテクノロジーは急速に進んでいますが、ほとんどの人がテクノロジーの本質を理解する前に、不安や抵抗を感じ、うまく活用される前に否定されてしまうこともあります。これでは、せっかくのテクノロジーを上手に活用することができません。テクノロジーはたえず発展し続けますが、活用するのは社会です。科学者だけでなく、みんなが正しく理解し、**そのテクノロジーが幸せをもたらすものか、問題は生じないのか、生じた場合の対策があるか、議論を重ねたうえで、導入しなければなりません。**大事なことは、テクノロジーそのものだけに目を向けるのではなく、活用する社会の姿はどうあるべきかを考えること。正しく使われてこそ、意義があります。一方で、技術のすばらしさに魅せられ、それを進化させることばかりに執着すると、人間の尊厳を忘れた「ディストピア」をつくってしまうことにもなりかねません。

テクノロジーは本来、よりよい社会をつくるために開発されるものです。社会を害するものをはっきり見極め、ときには勇気をもって廃止することも必要です。選択の決め手になるのは、社会を幸せにしてくれるかどうか。〝未来はもっとステキになる!〟。そんなワクワク感のあるテクノロジーを期待したいと思います。

テクノロジーと社会のかかわり

どんなテクノロジーも、良い方向にも悪い方向にも使うことができる。どんな使われ方だと社会にとって望ましいのか、科学者だけでなく、社会全体で考える必要がある。

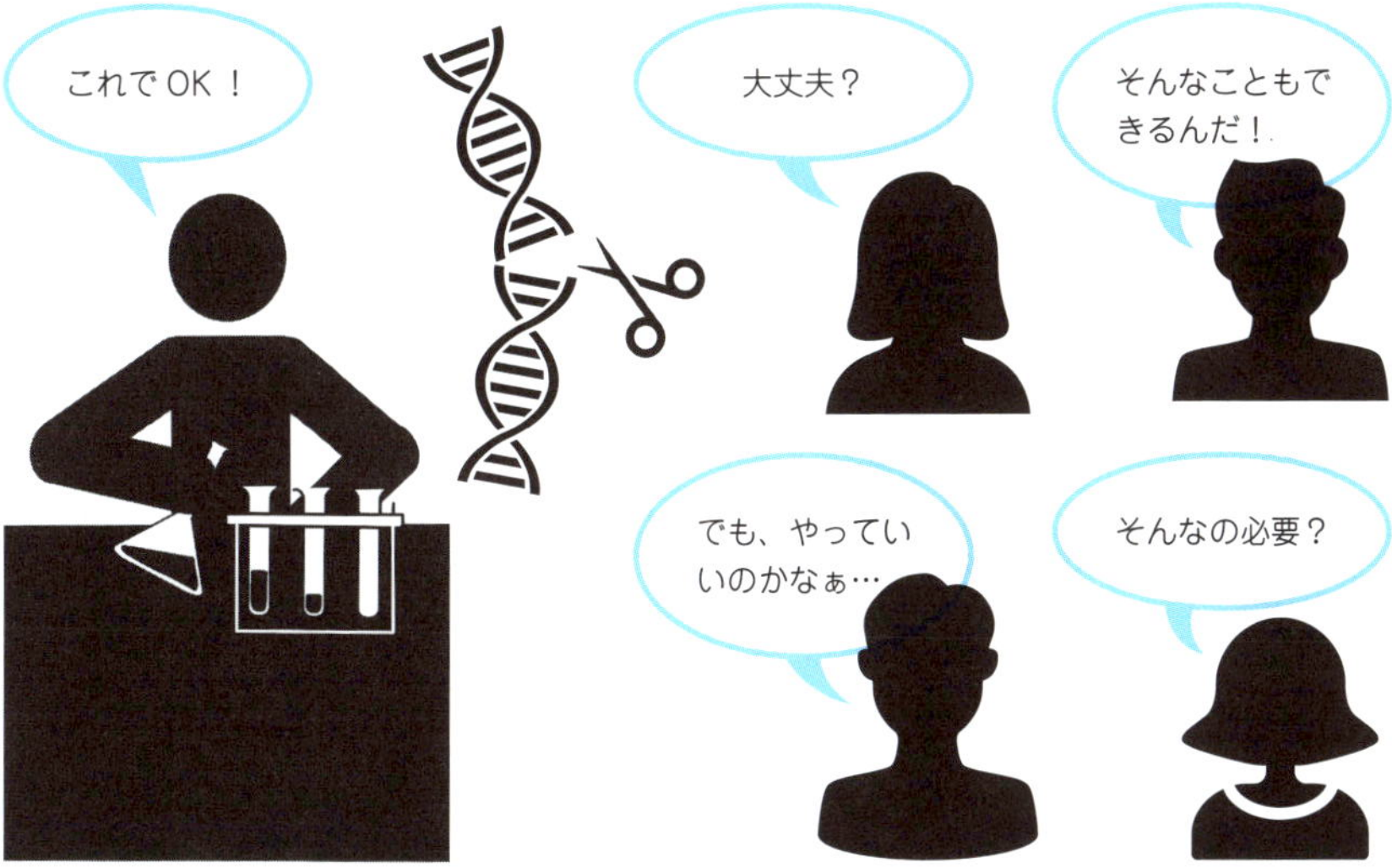

いま、議論すべきテクノロジー

科学者たちが責任をもって提案する技術に対して、きちんと理解し、社会のためになるかどうかよく考えたい。

【議論したいテーマ】

- 脳死
- 出生前検査
- 発症前診断
- 保因者診断（とくに子ども）
- 尊厳死
- 環境への影響
- クローン

“超個人情報”の遺伝子はどう管理される？

法規制による情報保護と差別防止

ゲノム解析が簡単に受けられるようになった一方で、個人情報の流出やプライバシー侵害など解決すべき問題も出てきます。個人情報はどう使われるかがわからない点が不安のひとつかと思います。たとえばスマホにGPS機能搭載が義務づけられた際、抵抗を感じた人もいたかもしれませんが、目的は緊急通報をした際に通報者の位置をGPSで確認し、警察・消防・海上保安本部に自動通知すること。これを知って納得した人も多かったのではないでしょうか。

プライバシーの侵害については、遺伝的特徴がどうであれ、個人の人権と尊厳は守られるべきです。遺伝子情報を扱うときは、どういう目的でどのように用いるかを説明し、承諾を得なければなりません。遺伝子検査を受けた人が、教育や雇用、結婚や出産、保険加入などで差別されないためにも、**遺伝子の無断採取・無断解析、同意のない検査・情報漏洩による悪用防止の徹底が必要です。**日本でも遅ればせながら、「ゲノム医療推進法」の基本理念に、生命倫理への配慮、情報保護・差別防止が掲げられました。解析会社では、解析する顧客の試料を保管する場合や、解析受託会社に委託する場合、氏名・生年月日・住所等の情報を取り除き、代わりに新たな符号を付けて、個人が特定されないようにしています。

研究・開発か個人情報保護か ?!

研究・開発にはたくさんの遺伝子情報が必要だが、常に情報保護を守りながら進めるべき。

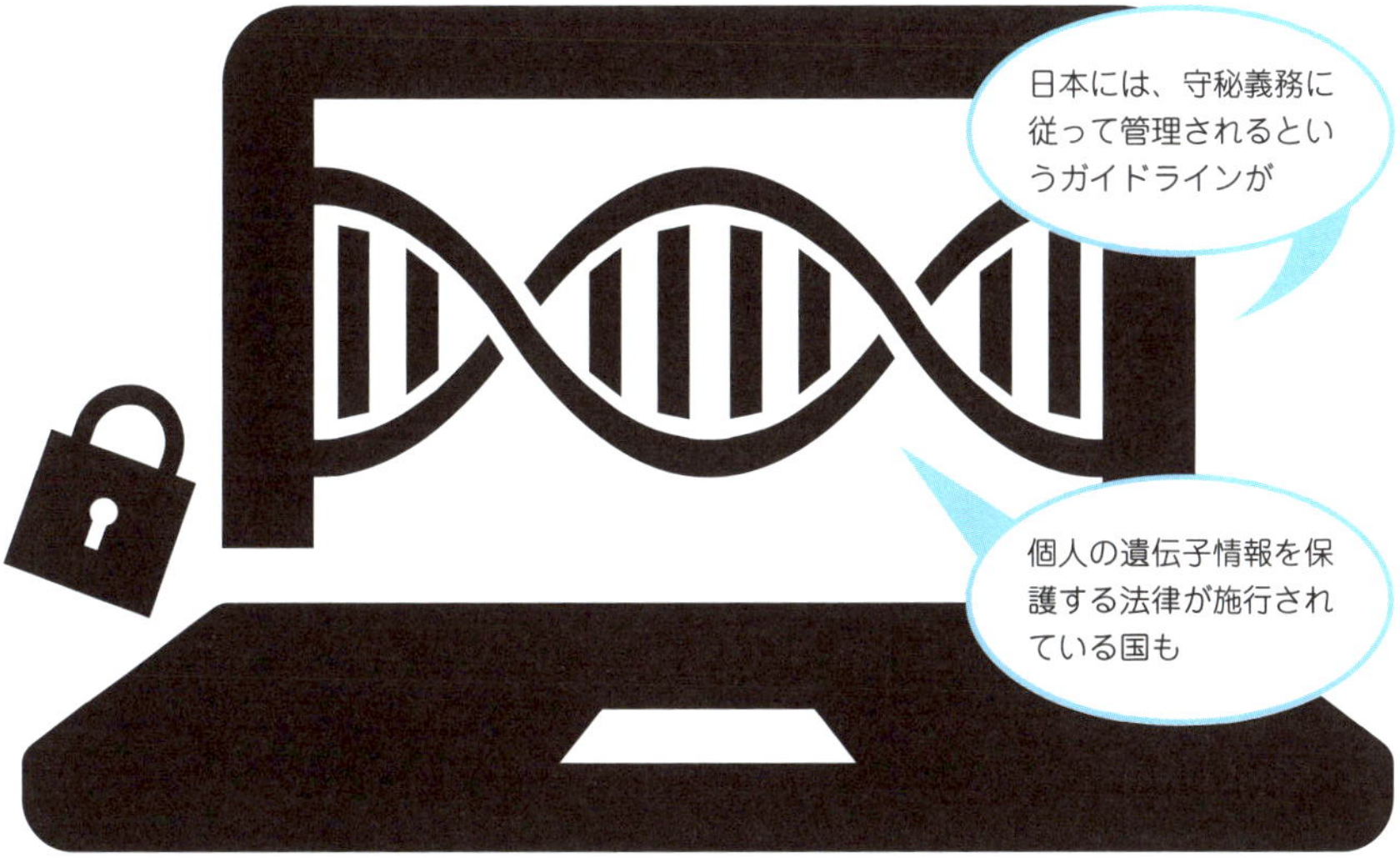
日本には、守秘義務に従って管理されるというガイドラインが
個人の遺伝子情報を保護する法律が施行されている国も

遺伝子情報をどう取り扱うか、そのメリット・デメリット

私たちも個人の遺伝子情報の大切さを十分に理解しておく。第三者に提供する場合は、十分な説明と同意が大事。

【メリット】

・個人の遺伝子型に合わせた治療が可能に
・難病診断に期待
・個人に合わせた予防法
・個人に合った保健・医療
・研究、科学の発展

【デメリット】

・情報が適切に扱われるか
・行政機関で適切に扱われるか
・結婚や妊娠に関して不利益？
・就職などで不利益？
・保険の加入や保険料で不利益？

輸血目的の血液を無断で遺伝子解析したケースも

アメリカの遺伝子検査会社「23andMe」の 100 万人情報漏洩問題

ゲノム編集によって世の中はどう変わる?

望む方向に変化できる

世の中は、ゲノム編集によって確実に変化しているといっていいでしょう。私たちを悩ませるさまざまな問題について考えてみましょう。健康、病気、食糧、環境……。いずれもゲノム編集によって、大きく変わろうとしています。

健康や病気の面では、iPS細胞の応用研究が急速に進み、さまざまな臨床試験が行われています。iPS細胞の全自動作製機まで開発され、実用化が待たれているところです。臨床試験が成功し、**低コストでiPS細胞を作製できるようになれば、ドナーを待たずに安全な移植手術が可能になります。**若返り効果が期待されるものが開発されるかもしれません。老化した細胞を取り除いて、健康寿命を延ばすことができるかもしれません。

食糧については、すでにさまざまな農水産物の品種改良が進んでいるので、その実績が多品種に広がり、効率のよい供給が見込めるでしょう。環境面でも、ゲノム編集技術の応用が注目されています。藻類やイネ、ジャトロファ(ナンヨウアブラギリ)などを原料とした、再生可能なエネルギーの開発が国の内外で進められ、将来的には船舶や航空燃料への利用も期待されそうです。ゲノム編集を正しく使えば、社会は今後ますます、望むかたちに変わっていくことでしょう。

いまある不都合を解消し、よりよい未来へ

ゲノム編集は開発されてまだ30年もたっていないが、すでに食糧・資源・研究・医療の分野でめざましい発展を遂げている。いま目の前にあるさまざまな問題を解消しながら、さらによりよい世の中へと導く。

ゲノム編集で変わる世の中

基礎研究

・遺伝子の未知の働き解明

医療

・遺伝性疾患の治療
・病気の診断、予防

食糧

・機能性果物、野菜
・高収率の穀物
・成長の早い魚
・やわらかい肉

資源

・バイオ燃料の開発、生産
・環境負荷の少ない農作物や畜産

【ゲノム編集食品例】

品名	特徴	現状
GABA高蓄積トマト	血圧を抑えるGABAを多く含む	販売
可食部増量マダイ	肉厚で可食部が普通のマダイの1.2～1.6倍の大きさ	販売
高成長トラフグ	成長が1.9倍早く供給効率がいい	販売
養殖効率のよいサバ	共食いせずおとなしいので養殖しやすい	開発中
毒素低減ジャガイモ	芽や皮にできる毒素を合成しない	栽培実験中
穂発芽耐性小麦	雨にあたって実入りが少なくなるのを抑制	栽培実験中
シンク能改変イネ	穂の枝分かれ数や粒の大きさにかかわる遺伝子改変	栽培実験中
高オレイン酸ダイズ	熱処理に強いオレイン酸が多く加工用に適する	販売
高収量ワキシーコーン	もちもち食感がおいしさを増す	販売
アスパラギン含有量抑制小麦	発がん物質をつくるアスパラギン量を抑制	栽培実験中

技術以外の課題を倫理的・法的・社会的に考える研究がある

一般人から専門家まで幅広く

テクノロジーがもたらす影響は、それを活用する関係者だけでなく、まわりの人すべてにかかわり、社会全体にまで及びます。たとえば、ゲノム解析による試料には、提供者の体の情報が書き込まれています。遺伝性疾患がある場合など、その情報が漏れてしまうと、結婚や就職、保険加入などにも影響しかねません。提供者だけにとどまらず血縁者にもかかわり、社会へと広がっていきます。

そこで1990年、新しいテクノロジーを研究開発し、活用する際の課題として掲げられたのが、ＥＬＳＩ（エルシー）。倫理的・法的・社会的課題（Ethical, Legal and Social Issues）の頭文字をとった呼び名で、目的は、**テクノロジーが個人と社会にプラスになるようなしくみを研究する**ことです。技術面以外でテクノロジーが社会全体に及ぼす影響をあらかじめ見通し、その対応策を検討していくためには、さまざまな視点が必要です。テクノロジーに対する価値判断基準は必ずしも不変ではなく、社会情勢によっても変わり得るので、先々、規制を変える必要が出てくるかもしれません。したがって、**ＥＬＳＩの取り組みには、科学研究者だけではなく、一般市民、社会学者、法学者、哲学者、倫理学者、行政、企業など幅広い分野からの参加が求められます。**

テクノロジーを活用するためのELSI

技術の進歩には、社会の信頼が不可欠。ELSI研究は、研究者と社会のかけ橋となって、テクノロジーの有効活用を考えていく。

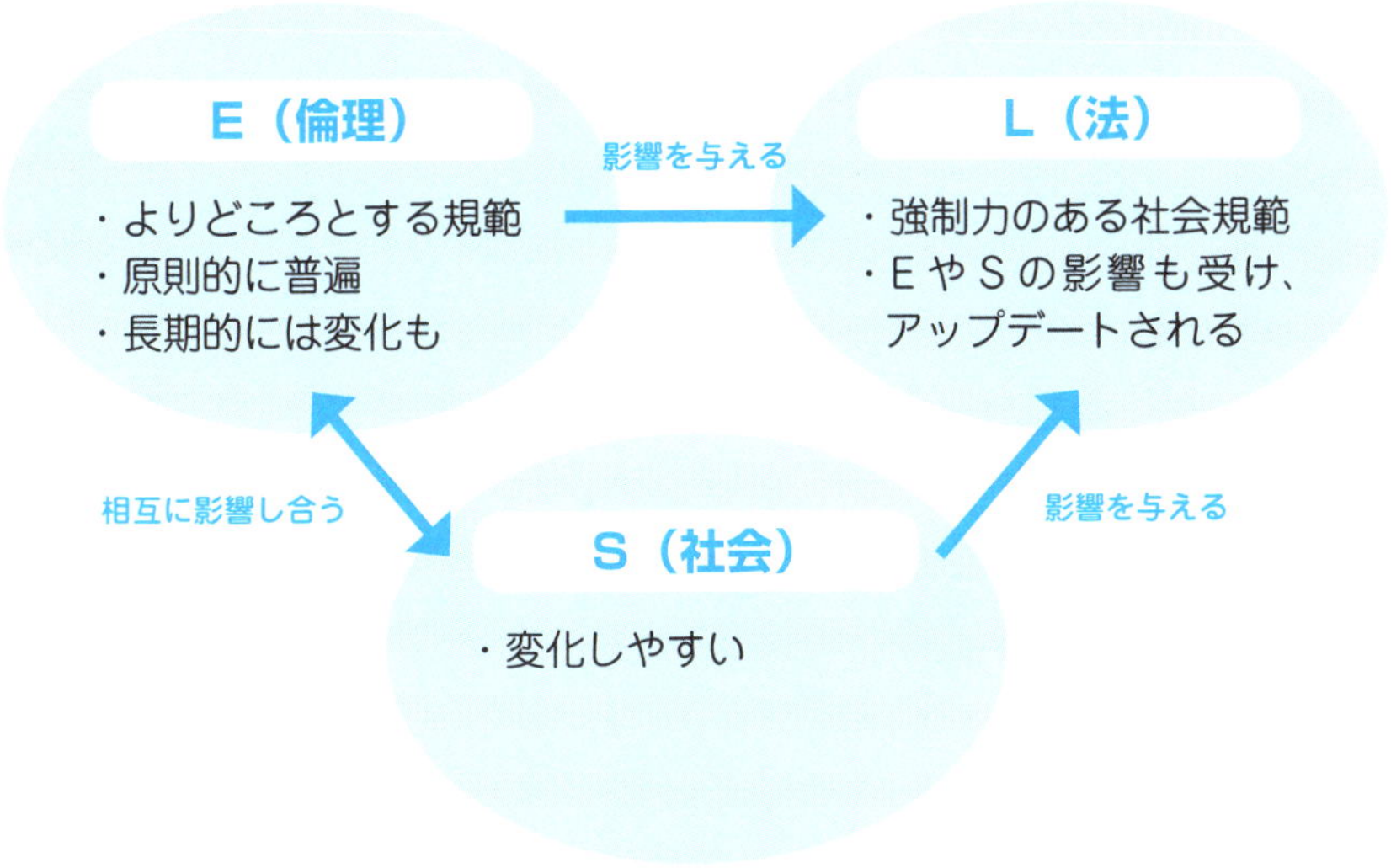

ELSIの役割

テクノロジーの社会への影響を見通して、解決策を提案する。それには異分野の人々が一緒に学び、意見を交換し合って、納得できるかたちで社会に応用していく方法を導き出すことが必要。

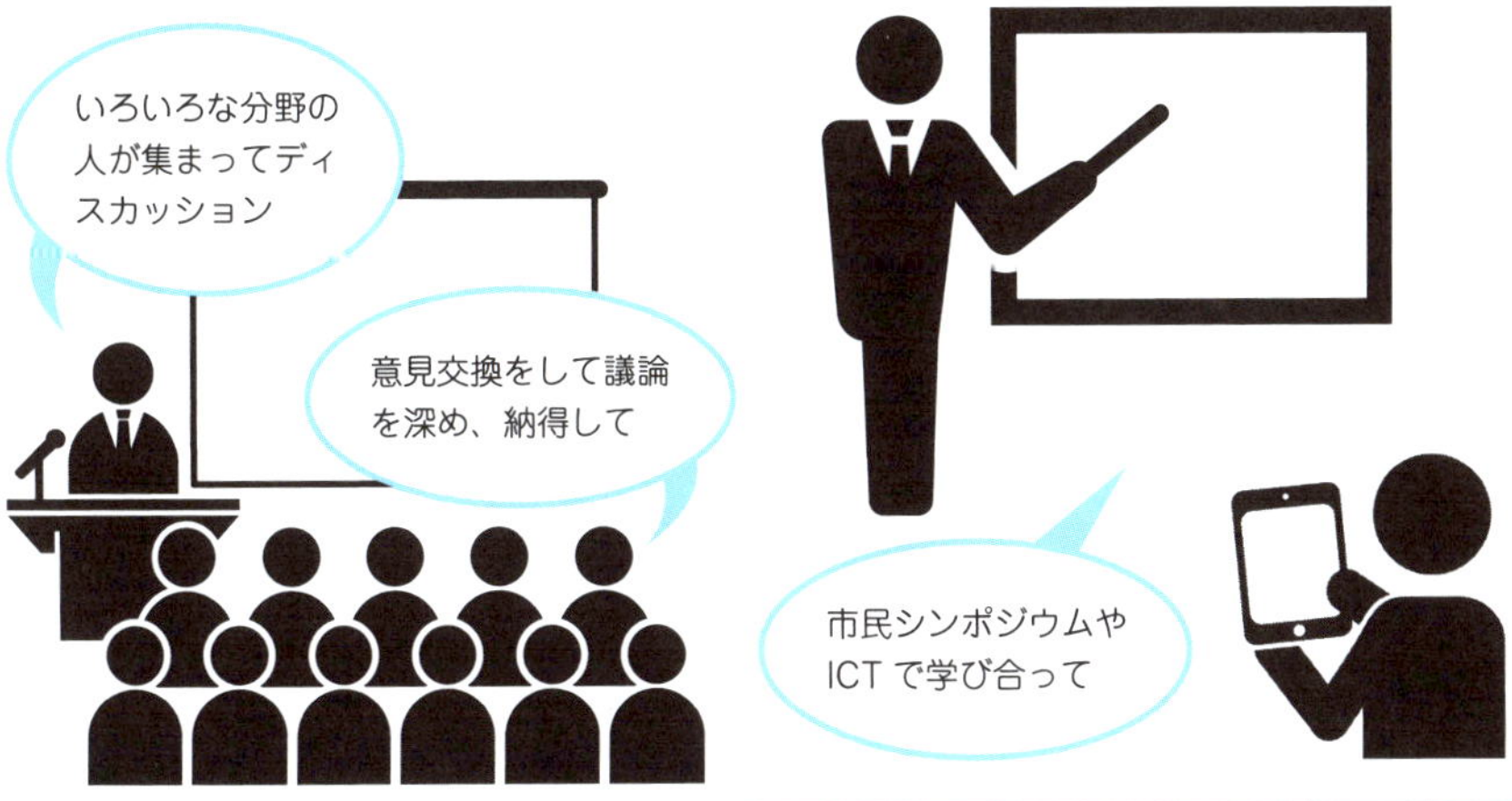

おわりに

ふと道端に咲く植物という生命を見て、なんて綺麗だと無条件に惹かれる心があります。

また、生物の体のしくみが解明されるたび、芸術的とすら思えるその極めて精緻なしくみに、まるで映画を見ているような感動を覚えることがあります。

私たちのそんな生命への畏敬の念や感動、好奇心のようなものを、前に進む力に変換していく。その学問領域が生命科学だと、個人的に捉えています。はじまりは科学者たちの生命に対する探求心から。それが現在ではさまざまなテクノロジーを生み出し、世界を変えています。

残念ながら、現在日本では生命科学を含むＳＴＥＭ系分野に入学する学生数は、ＯＥＣＤ平均より大幅に低い状況です。近年、多くのＯＥＣＤ諸国ではＳＴＥＭ系学部の学生数が大幅に増えていますが、日本では増えていないどころか微減しています。本書でも触れたとおり、現在世界が直面する未来の課題は医療、環境問題、食糧問題、そして高齢化に伴うさまざまな社会的課題と多岐にわたりますが、これらすべてに生命科学がかかわっています。今後の未来の課題に立ち向かっていくためにも、生命科学分野に興味をもってもらえる未来の科学者たちを増やしたい、また科学者だけでなく、さまざま職業にかかわる人でも科学に興味をもち、探求心をもって学び続ける人を増やしたい、という思いで本書を執筆しました。

第4章でも触れたとおり、どんなテクノロジーも良い方向にも悪い方向にも活用することができます。同じ生命科学のテクノロジーで人類を救うこともできれば、世界を終わらせることも理論上はできてしまいます。科学技術の影響力が大きくなった現在こそ、私たちが科学技術について確かな知識を学び、意志をもって未来を選択し行動する知性をつけることが求められる時代であると強く感じます。

人類は本来、探求し学ぶのが好きな生き物です。私が自身の幼い子どもたちを観察していて感じることは、まだ赤ちゃんですら、生まれながらに好奇心と挑戦心をもち合わせているということです。このような人類の本質が、未来に希望をもたらすものだと考えています。

本書を通じて、生命科学の魅力とその奥深さを感じ取っていただけたでしょうか。この本が皆様に、新たな知識や視点をお渡しできたならば、私にとってこれほど嬉しいことはありません。本書が、未来の科学者たちや、ただこの世界の生命の不思議に心を寄せるすべての人々にとって、探求の火を灯す一助となれば幸いです。

私自身も、未来の生命の謎の解明にわくわく心を躍らせながら、皆様のこれからの学びと発見に富んだ人生を心よりお祈りしています。

生命科学研究者　高橋 祥子

【著者紹介】

高橋 祥子（たかはし しょうこ）

生命科学者。TAZ Inc. 代表取締役社長。株式会社ジーンクエスト取締役ファウンダー。2010年京都大学農学部卒業。2013年東京大学大学院農学生命科学研究科応用生命化学専攻博士課程在籍中に、ゲノム解析ベンチャー「ジーンクエスト」を起業。2015年同学博士課程修了。不老長寿テックベンチャー「TAZ Inc.」設立、2023年代表取締役就任。現在は、東北大学特任教授（客員）、文部科学省科学技術・学術審議会委員、東京大学経営協議会委員、複数社の社外取締役なども務める。経済産業省「第二回日本ベンチャー大賞」経済産業大臣賞（女性起業家賞）ほか受賞歴多数、Newsweek「世界が尊敬する日本人100」に選出、メディア出演など、幅広く活躍。著書に『ビジネスと人生の「見え方」が一変する 生命科学的思考』（NewsPicksパブリッシング）、『ゲノム解析は「私」の世界をどう変えるのか？』（ディスカヴァー・トゥエンティワン）がある。

【参考文献】

『ビジネスと人生の「見え方」が一変する 生命科学的思考』（NewsPicksパブリッシング）／『ゲノム解析は「私」の世界をどう変えるのか？』（ディスカヴァー・トゥエンティワン）／『LIFESPAN老いなき世界』（デビッド・A・シンクレア／東洋経済新報社）

※このほかに多くのWebサイト、論文などを参考にしております。

【STAFF】

編集 ―――――― 株式会社春燈社（松林寛子）

統括 ―――――― アマナ

デザイン&DTP ―――― 野澤由香（STUDIO恋球）

カバーデザイン ―――― 佐藤実咲（アイル企画）

カバーイラスト ―――― 羽田創哉（アイル企画）

眠《ねむ》れなくなるほど面白《おもしろ》い 図《ず》解《かい》 生《せい》命《めい》科《か》学《がく》の話《はなし》

2024年9月10日　第1刷発行

著　　者　高《たか》橋《はし》祥《しょう》子《こ》

発 行 者　竹村響

印 刷 所　株式会社光邦

製 本 所　株式会社光邦

発 行 所　株式会社日本文芸社

〒100-0003　東京都千代田区一ツ橋1-1-1 パレスサイドビル8F

乱丁・落丁などの不良品、内容に関するお問い合わせは

小社ウェブサイトお問い合わせフォームまでお願いいたします。

ウェブサイト　https://www.nihonbungeisha.co.jp/

Printed in Japan 112240828-112240828Ⓝ01　(300078)

ISBN978-4-537-22225-8

（編集担当：萩原）